高职高专装配式混凝土建筑系列教材

装配式混凝土建筑工程量清单计价

袁　媛　袁建新　主　编
侯　兰　李剑心　副主编
夏一云　蒋　飞　贺攀明
傅丽芳　刘贯荣　吴英男　参　编
田恒久　主　审

中国建筑工业出版社

图书在版编目（CIP）数据

装配式混凝土建筑工程量清单计价/袁媛，袁建新主编. —北京：中国建筑工业出版社，2019.9（2024.8重印）
高职高专装配式混凝土建筑系列教材
ISBN 978-7-112-24103-3

Ⅰ.①装… Ⅱ.①袁… ②袁… Ⅲ.①装配式混凝土结构-建筑工程-工程造价-高等职业教育-教材 Ⅳ.①TU723.3

中国版本图书馆CIP数据核字（2019）第180625号

装配式建筑的构件生产方式、部品部件生产方式、施工方式、安装方式发生的变化使得人力资源、材料供应、施工工艺、资料管理、成本控制等方面发生了较大变化。装配式建筑特殊的建筑产品生产与施工方式，决定了其特殊的工程造价规律和计算方法。本教材将系统地介绍如何确定装配式混凝土建筑的工程造价知识与方法。

本教材主要内容包括：概述、装配式建筑工程造价计价原理、装配式建筑工程造价费用构成与计算程序、装配式建筑工程造价计算简例、装配式建筑计价定额应用、工程单价编制、综合单价编制、现浇构件工程量计算、钢筋与模板工程量计算、预埋铁件与套筒注浆工程量计算、预制构件工程量计算。同时，附有装配式混凝土建筑工程造价计算实例。

为更好地支持相应课程的教学，我们向采用本书作为教材的教师提供教学课件，有需要者可与出版社联系，邮箱：jckj@cabp.com.cn，电话：（010）58337285，建工书院 http://edu.cabplink.com。

责任编辑：张　晶　吴越恺
责任校对：姜小莲

高职高专装配式混凝土建筑系列教材
装配式混凝土建筑工程量清单计价
袁　媛　袁建新　主　编
侯　兰　李剑心　副主编
夏一云　蒋　飞
贺攀明　傅丽芳　参　编
刘贯荣　吴英男
田恒久　主　审
*
中国建筑工业出版社出版、发行（北京海淀三里河路9号）
各地新华书店、建筑书店经销
霸州市顺浩图文科技发展有限公司制版
建工社（河北）印刷有限公司印刷
*
开本：787×1092毫米　1/16　印张：12½　字数：278千字
2019年9月第一版　2024年8月第六次印刷
定价：**36.00**元（赠教师课件）
ISBN 978-7-112-24103-3
（34578）

前◉言

随着城市建设节能减排、可持续发展等环保政策的出台，装配式建筑施工已成为建筑产业化的发展趋势。装配式建筑施工实现了预制构件设计标准化、生产工厂化、运输物流化以及安装专业化，提高了施工生产效率，减少了施工废弃物的产生。装配式建筑是现代中国工业化、规模化发展的必然，也是建筑产业升级、淘汰落后产能、提升建筑质量的必然。未来，作为建筑产业化重要载体的装配式建筑也将进入新的发展时期。

工程造价必须根据建筑产品的生产与施工过程确定。装配式建筑的构件生产方式、部品部件生产方式、施工方式、安装方式发生的变化使得人力资源、材料供应、施工工艺、资料管理、成本控制等方面发生了较大变化。因此，需要进一步研究装配式建筑的定价规律与方法。《装配式混凝土建筑工程量清单计价》就是为了适应装配式建筑生产与施工过程变化，而为高等职业教育及社会学习者编著的如何确定工程造价的新型教材。

本教材由上海城建职业学院袁媛和四川建筑职业技术学院袁建新主编；四川建筑职业技术学院侯兰、李剑心副主编。编写人员及分工如下：四川建筑职业技术学院袁建新教授编写第 2 章；四川建筑职业技术学院侯兰高级工程师编写第 3 章；四川建筑职业技术学院李剑心高级工程师编写 6.1 节、6.2 节；四川建筑职业技术学院夏一云高级工程师提供第 12 章施工图；中国建筑第八工程局有限公司总承包公司李大平高级经济师编写 12.1 节、12.2 节；四川建筑职业技术学院贺攀明讲师编写 6.3 节；四川建筑职业技术学院蒋飞讲师编写 6.4 节；四川建筑职业技术学院吴英男讲师编写 5.3 节；上海思博职业技术学院傅丽芳讲师编写 7.1 节、7.2 节；上海思博职业技术学院刘贯荣讲师编写第 9 章、8.3 节；本教材其余章节由上海城建职业学院袁媛副教授编写。袁媛副教授、袁建新教授负责全书统稿。本教材由山西建筑职业技术学院田恒久造价工程师主审。

限于编者水平有限，本教材中不足之处在所难免，恳请广大读者和建筑行业同仁批评指正。

2019 年 5 月

目◉录

1 概述

热爱所学专业为现代化
建筑业贡献力量

1.1 装配式建筑的概念

1.1.1 装配式建筑的概念

装配式建筑是指用工厂生产的预制构件、部品部件在工地装配而成的建筑，包括装配式混凝土结构、钢结构、现代木结构，以及其他符合装配式建筑技术要求的结构体系建筑。本教材主要介绍装配式混凝土结构建筑的工程造价计算方法。

随着现代工业技术的不断发展，建造房屋可以像机器设备生产那样，成批成套地制造。只要把预制好的房屋构件，运到工地装配起来即可。通俗地说，就是十多层的高层建筑只需要像搭积木一样拼装起来就行。

1.1.2 装配式建筑的特点

装配式建筑具有节能、减排、施工周期短等特点，其标准化的设计、生产、安装方式及科学化的组织管理已经成为改变我国传统建筑生产方式，促进建筑产品精细化与标准化，实现建筑工业化的重要手段。

1.2 PC 与产业化流程

1.2.1 什么是 PC

PC（Precast Concrete），是装配式混凝土预制构件的简称，我们在学习装配式混凝土建筑计量与计价的课程内容时，首先要了解什么是 PC。

PC 构件厂的产品是按照标准图设计生产的混凝土构件，主要有外墙板、内墙板、叠合板、阳台、空调板、楼梯、预制梁、预制柱等，然后将工厂生产的 PC 构件运到建筑物施工现场，经装配、连接、部分现浇，装配成混凝土结构建筑物。

（1）PC 是先进的建造方式

传统的住宅建造方式中，建筑工人手工操作存在误差，施工质量受工人技术水平影响较大；劳动密集，人力需求较大；容易产生大量垃圾、噪声污染等，与传统建造方法相比，PC 住宅的产业化程度高、精密、高效、节能环保，对人力需求较低，可减少资源、能源消耗，减少装修垃圾，避免装修污染。如果整个住宅行业都能实行产业化生产，将大大推动建筑业由粗放到集约化的转变，社会资源也将得到大量的节约。

（2）PC是世界住宅产业发展趋势

从住宅产业化在全世界的发展趋势来看，住宅科技是推动产业化住宅发展的主导力量，各发达国家，特别是欧美和日本等国家地区，都结合自身实际制定了住宅科技发展规划，进一步完善PC住宅产业化，研究节能、节材、节水、节地及环保型工业化住宅技术。

1.2.2 PC产业化流程简介

（1）标准化图纸设计

精确的标准化PC设计图纸，让施工更加规范，避免了传统施工方式中边施工边进行修改而造成的返工等情况，施工时间得到了极大节省，流程得到了极大简化。

（2）预制件生产

工厂化的作业模式，将传统的建筑工地“搬进”工厂里，让房屋的每一个构件在工厂流水线上生产出来，从铸模、成型到养护，精确生产的构件只需在工地进行组装，即可成为产业化的住宅。

1）钢筋加工及安装钢模。钢筋经过工厂化机械加工、成型，并且通过人工抽检测量，确保尺寸标准；依据精确弹线标示，安装组合钢模模板。

2）内埋物入模。面砖、钢筋、门窗框等埋入物入模，并进行埋入物的人工检查。

3）混凝土浇筑。将按照标准调配好的混凝土填充进入钢模，进行混凝土的强度测验，确保质量合格。

4）构件表面处理。对墙体表面进行抹平等处理，确保墙面平整。

5）蒸汽养护、脱模。对混凝土墙体进行蒸汽养护至其凝固成型，最终将墙体构件与模具脱离。

（3）运输及现场堆放

开创性的PC产业化技术，使材料运输更加便捷。在传统建筑方式中，需要耗费大量时间分批运输的各种建筑材料，在PC技术的帮助下变成了各种建筑组件。传统的高成本多次运输，在一次性的运输中就得以完成。材料的运输大大节约了成本，半成品的建筑组件更节约了现场摆放的空间，使得施工环境更加整洁。

（4）现场吊装

1）现场吊装外墙板。做好场地清理、构件的复查与清理、构件的弹线与编号等准备工作，构件的堆放、构件的临时加固。

2）叠合板吊装。确保叠合结构中预制构件的叠合面符合设计要求，采取保证构件稳定的临时固定措施，并应根据水准点和轴线校正位置，最终进行永久固定。

（5）外围护

1）PC构件连接处理。直接外墙采用PC构件，采用上部固定、下端简支的吊挂方式，确保施工安全快捷，减少施工误差，做到无缝处理。

2）建筑接缝处理。传统建筑仅仅采取抹灰等传统处理方法，无法确保接缝处的密封性，可能带来漏水等普遍性问题。

(6) 内部非毛坯

采用设备与建筑主体相分离的SI住宅，改变传统的在墙面、地面上开槽埋设水、电等管道线路及设备的施工方法，进行同层排水等技术的施工，实现土建与内部非毛坯的一体化，运用一系列绿色科技，免除自行装修烦扰，打造现代生态家居。

SI——S是英文Skeleton的缩写，意思是住宅的壳，也就是住宅的结构体；I是英文Infill的缩写，意思是内填充体，包括里面的管线、内装修等。SI住宅是把结构体与充填体完全分离的一种施工方法。

(7) 验收交付

在交房之前，可以向每一个客户进行工程进度通报和产品细部检查确保在交付时提供零缺陷的产品，并关注解决业主在交付、装修、搬迁过程中所遇到的问题，以高于国家规定的交付标准给每一位客户一个安心的家。

1.2.3 PC的价值

产业化住宅更会带来传统建筑方式无法比拟的结构安全、防火安全、耐久性能、保温隔热性能、采光照明性能、隔声性能等各方面的大大提升。与传统的建筑方式相比，以PC产业化住宅技术打造的产业化住宅，具有传统建筑所没有的众多优势。

(1) 更高品质的住宅

零裂缝、零渗漏：不同于传统房屋仅仅在接缝处进行抹灰处理，PC产业化技术房屋外墙以更精确的制造标准、钢制模具工厂生产、更好的接缝处理解决了墙面开裂问题，使渗漏率极大降低，业主轻松享受到接近零渗漏的舒适生活。

维护方便：可采用同层排水等系统，利于施工排线；装饰面、管道线路与建筑结构相分离，利于维护。

(2) 更精确的住宅

建筑精确度比传统建筑方式提高一倍以上，精度偏差以毫米（mm）计，真正以造汽车的精确方式建造房子。

(3) 更耐久的住宅

PC产业化住宅相比传统住宅，更加坚固耐久，不会出现面砖脱落等传统住宅常见的问题，保证了居住者的长久舒适，也让住宅长久如新，实现自身的保值。

(4) 更短的交房周期

据分析，PC技术与传统施工方法相比，可以加快工期20%～30%，让居住者提早体验舒适生活。

(5) 更高的生产效率

传统建筑方式过度依赖大量的现场劳动力，与当前劳动力不足的现实情况的矛盾日益凸显，而采用PC技术，施工现场工人可减少80%以上，同时能达到更高的效率。PC技术大量的工厂化作业让劳动效率大大提升，使工期加快20%～30%，带给建筑行业更好的发展可能。

(6) 更先进的生产方式

采用工厂化的生产加工方法，由工厂加工到现场装配，再到后期的装修维护，形成了固定统一的标准化生产流程，形成了比传统建筑方式更加先进的生产流程，也使建筑产业的发展走向更加规范、有序。世界大多数发达国家，特别是欧美和日本等国家地区，都在PC住宅产业化道路上取得了长足的发展，并制定了未来住宅科技发展的规划，进一步完善PC住宅产业化。

(7) 更加文明的施工现场

PC产业化技术现场施工作业量的减少、更整洁的施工现场，大大减少了噪声、粉尘等污染，最大程度地减少了对周边环境的污染，让周边居民享有一个更加安宁整洁的无干扰环境。

(8) 更大节约和更少污染

从目前的数据来看，如果建筑行业的每一家企业都能推行PC产业化生产，将会为社会节约大量的水、混凝土、钢材及标准煤。

据统计，采用PC技术，由于干式作业取代了湿式作业，现场施工的作业量和污染排放明显减少。与传统施工方法相比，建筑垃圾可减少83%左右。

(9) 更少劳动力依赖

当建筑业对劳动力资源的需求不断紧缺时，传统的建筑方法对劳动力的密集依赖却无法改变。据分析，工厂化施工的集中进行、现场施工作业量的大大减少，施工现场工人数量最大可减少89%，让PC产业化建造模式比传统建造模式大大节约了人力资源，同时可以提高施工效率4～5倍，进而又缩短了工期。

1.3 产品住宅与建筑部品化

1.3.1 成品住宅

成品住宅也称全装修成品住宅，是指房屋交付使用前，所有功能空间的固定面应全部铺装或粉刷完成，厨房和卫生间的基本设备应全部安装完成，能满足基本生活要求（拎包入住）的（精装修）住宅。

自2016年9月国务院办公厅发布《关于大力发展装配式建筑的指导意见》以来，截至2017年3月，全国30多个省市区推出装配式建筑的相关政策，要求“十三五”期间（2016—2020）装配式建筑占新建建筑的比例30%以上；新开工全装修成品住宅面积比率30%以上；“十四五”期间（2021—2025）装配式建筑占新建建筑比例要达到50%以上，全面普及成品住宅（图1-1）。

图 1-1　成品住宅示意图

1.3.2　建筑部品化

建筑部品化，就是运用现代化的工业生产技术将柱、梁、墙、板、屋盖甚至是整体卫生间、整体厨房等建筑构配件、部件实现工厂化预制生产，使之能达到运输至建筑施工现场进行"搭积木"式的简捷化的装配安装来完成的建筑工程（图 1-2～图 1-5）。

图 1-2　搭积木式的盒子建筑

图 1-3　PC 工厂预制的住宅外墙

图 1-4　现场吊装 PC 楼板

图 1-5　现场吊装 PC 柱、梁

1.3.3　住宅部品术语

中华人民共和国国家质量监督检验检疫总局、中国国家标准化管理委员会 2008 年 12 月 24 日发布了《住宅部品术语》GB/T 22633—2008 国家标准，主要内容摘录如下：

(1) 住宅部品

按照一定的边界条件和配套技术，由两个或两个以上的住宅单一产品或复合产品在现场组装而成，构成住宅某一部位中的一个功能单元，能满足该部位一项或几项功能要求的产品。包括屋顶、墙体、楼板、门窗、隔墙、卫生间、厨房、阳台、楼梯、储柜等部品类别。

（2）屋顶部品

由屋面饰面层、保护层、防水层、保温层、隔热层、屋架等中的两种或者两种以上产品按一定的构造方法组合而成，满足一种或几种屋顶功能要求的产品（图 1-6～图 1-9)。

图 1-6　木结构屋盖部品

图 1-7　混凝土结构屋盖部品

图 1-8　PC 屋盖部品

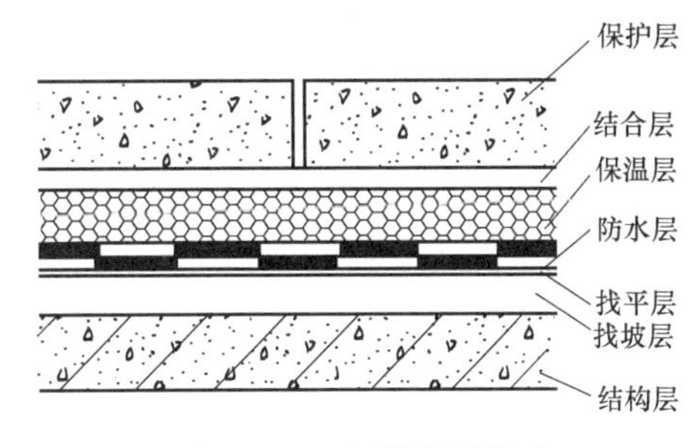

图 1-9　PC 屋盖部品做法

（3）墙体部品

由墙体材料、结构支撑体、隔声材料、保温材料、隔热材料、饰面材料等中的两种或者两种以上产品按一定的构造方法组合而成，满足一种或几种墙体功能要求的产品（图 1-10)。

图 1-10　墙体部品

(4) 楼板部品

由面层、结构层、附加层（保温层、隔声层等)、吊顶层等中的两种或者两种以上产品按一定的构造方法组合而成，满足一种或几种楼板功能要求的产品（图 1-11、图 1-12)。

图 1-11　楼板部品示意图（一）

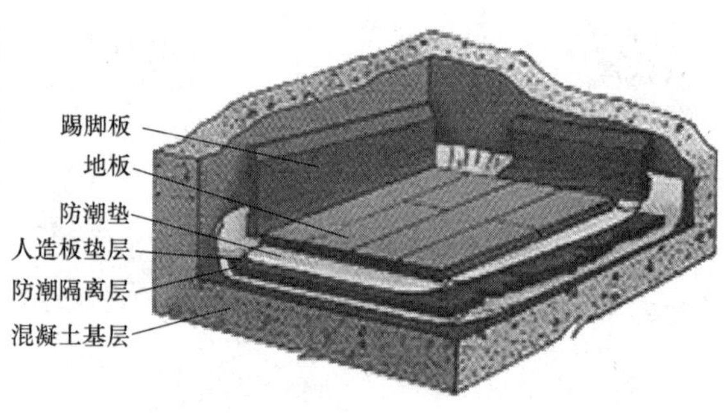

图 1-12　楼板部品示意图（二）

(5) 门窗部品

由门、门框、窗扇、窗框、门窗五金、密封层、保温层、窗台板、门窗套板、遮阳等中的两种或者两种以上产品按一定的构造方法组合而成，满足一种或几种门窗功能要求的产品（图 1-13)。

图 1-13　门窗部品示意图

(6) 隔墙部品

由墙体材料、骨架材料、门窗等中的两种或者两种以上产品按一定的构造方法组合而成的非承重隔墙和隔断，满足一种或几种隔墙和隔断功能要求的产品（图 1-14）。

图 1-14 隔墙部品示意图

（7）卫生间部品

由洁具、管道、给水排水和通风设施等产品，按照配套技术组装，满足如厕、洗浴、盥洗、通风等一个或多个卫生功能要求的产品（图 1-15、图 1-16）。

图 1-15 卫生间部品（盥洗）

图 1-16 卫生间部品（洗浴）

（8）厨房部品

由烹调、通风排烟、食品加工、清洗、贮藏等产品，按照配套技术组装，满足一个或多个厨房功能要求的产品（图 1-17）。

（9）阳台部品

由阳台地板、栏板、栏杆、扶手、连接件、排水设施等产品，按一定构造方法组合而成，满足一种或几种阳台功能要求的产品（图 1-18）。

（10）楼梯部品

由梯段、楼梯平台、栏杆、扶手等中的两种或者两种以上产品，按一定构造方法组合而成，满足一种或几种楼梯功能要求的产品（图 1-19）。

（11）储柜部品

由门扇、轨道、家具五金、隔板等产品，按一定构造方法组合而成，满足固定储藏

图 1-17　厨房部品

图 1-18　阳台部品

图 1-19　楼梯部品

功能要求的产品（图 1-20）。

（12）工厂化生产

采用专用成套技术、工艺设备，在工厂生产出符合一项或者几项功能要求的住宅部品的过程（图 1-21～图 1-23）。

（13）配套技术

在设计、生产、组装等方面，有相互联系并能协调一致的技术手段。

图 1-20 储柜部品

图 1-21 PC 厂预制墙板

图 1-22 PC 墙板堆放

图 1-23 PC 墙板运输

（14）现场组装

将工厂化生产的材料、制品或部品，按照一定的方法，在施工现场进行组合安装（图 1-24）。

（15）功能要求

具有满足强度和稳定性、防火安全、卫生和环保、使用安全、防噪声、节能灯方面

图 1-24 现场组装示意图

功能上的要求。

(16) 边界条件

住宅部品和材料、制品、部品之间以及与部品建筑之间的连接、协调、配套的组合要求。

1.4 预制构件及相关指标

1.4.1 预制率与建筑装配率

(1) 预制率

预制率亦称建筑单体预制率，是指混凝土结构装配式建筑±0.000以上主体结构和围护结构中预制构件部分的混凝土用量占建筑单体混凝土总用量的比率。

其中，预制构件包括以下类型：墙体（剪力墙、外挂墙板）、柱/斜撑、梁、楼板、楼梯、凸窗、空调板、阳台板、女儿墙。

$$\text{建筑单体预制率}=\frac{\text{预制构件、部品部件混凝土体积}}{\text{现浇部分混凝土体积}+\text{预制构件、部品部件混凝土体积}}\times 100\%$$

例如，某单体建筑全部预制构件、部品部件混凝土体积为 8066m^3，单体建筑全部现浇混凝土体积为 5210m^3，即建筑单体预制率$=\frac{8066}{5210+8066}\times100\%=\frac{8066}{13276}\times100\%=$ 60.76%。

（2）建筑单体装配率

建筑单体装配率，是指装配式建筑中预制构件、建筑部品的数量（或面积）占同类构件或部品总数量（或面积）的比率。

建筑单体装配率的计算公式为：

建筑单体装配率＝建筑单体预制率＋部品装配率＋其他

（3）部品装配率

部品装配率包含以下七项：预制内隔墙、全装修、单元式幕墙、集成式厨房、集成式卫生间、集成管道井和集成排烟道（表 1-1）。

部品装配率计算公式如下：

部品装配率＝Σ(部品权重×部品比例)×100%

部品权重系数表 **表 1-1**

序数	装配率评分项	权重系数
1	预制内隔墙	0.06
2	全装修	0.12
3	单元式幕墙	0.05
4	集成式厨房	0.02
5	集成式卫生间	0.02
6	集成管道井	0.01
7	集成排烟道	0.01

说明：

1）预制内隔墙是指采用标准化设计、工厂化生产、装配化施工为主要特征的干式安装内隔墙，不包括混凝土砖、空心砖、加气混凝土砌块等块材隔墙。

2）全装修，指房屋交付前，各功能空间的固定面全部铺装或粉刷完毕，厨房与卫生间的基本设备全部安装完成。全装修并不是简单的毛坯房加装修，按住房和城乡建设部规定，全装修设计应该在建筑主体施工动工前进行，即装修与土建安装必须进行一体化设计。

3）单元式幕墙，是指由各种墙面板与支承框架在工厂制成完整的幕墙结构基本单位，直接安装在主体结构上的建筑幕墙。

（4）部品比例计算公式

$$预制内墙=\frac{建筑单体中预制内隔墙(线)总长度}{建筑单体全部内隔墙(线)总长度}$$

$$全装修比例=\frac{建筑单体采用全装修房间的总建筑面积}{建筑单体总建筑面积}$$

$$单元式幕墙比例=\frac{建筑单体单元式幕墙总面积}{建筑单体幕墙总面积}$$

$$集成式厨房比例=\frac{建筑单体采用集成式厨房总数量}{建筑单体全部厨房总数量}$$

$$集成式卫生间比例=\frac{建筑单体采用集成式卫生间总数量}{建筑单体全部卫生间总数量}$$

$$集成管道井比例=\frac{建筑单体采用集成式管道井总数量}{建筑单体全部管道井总数量}$$

$$集成排烟道比例=\frac{建筑单体采用集成管道井总数量}{建筑单体全部管道井总数量}$$

1.4.2 其他技术采用比例计算公式

其他技术主要包括结构与保温一体化、墙体与窗框一体化、集成式墙体、集成式楼板、组合成型钢筋制品、定型模板。

(1) 结构与保温一体化

是指保温层与建筑结构同步施工完成，围护结构不需另行采取保温措施即可满足现行建筑节能标准的建筑节能技术。

(2) 墙体与窗框一体化

是指将墙体和窗框一起在工厂预制，从而提高窗的气密性和水密性，同时保证外窗框刚度满足抗变形性能要求的工业化技术。

(3) 集成式墙体

是指集建筑墙体、装饰装修和预埋设备管线于一体，在工厂完成预制，现场直接安装的墙体。

(4) 集成式楼板

是指集楼板的承力、建筑装修和预埋设备管线于一体，在工厂完成预制，现场直接安装的楼板。

(5) 组合成型钢筋制品

是指施工现场现浇部分按规定形状、尺寸通过机械加工成型的钢筋，经过组合形成二维或三维的钢筋制品。如钢筋网片、钢筋笼等。

(6) 定型模板

是指由施工现场定型单元平面模板、内角和外角模板以及连接件组成，可在施工现场拼装成多种形式的浇筑混凝土模板，如铝模等。

(7) 应用比例定义

$$结构与保温一体化比例=\frac{建筑单体结构与保温一体化外墙总长度}{建筑单体所有带保温结构外墙总长度}$$

$$墙体与窗框一体化比例=\frac{建筑单体墙体窗框一体化窗扇总数}{建筑单体所有窗扇总数量}$$

$$集成式墙体比例=\frac{建筑单体集成式墙体总长度}{建筑单体所有墙体总长度}$$

$$集成式楼板比例=\frac{建筑单体采用集成式楼板总面积}{建筑单体全部楼板总面积}$$

$$组合成型钢筋成品比例=\frac{建筑单体中组合成型钢筋制品总重量}{建筑单体全部钢筋总重量}$$

$$定型钢模板比例=\frac{建筑单体中定型钢模总面积}{建筑单体全部模板总面积}$$

1.5 装配式建筑的优缺点及新技术应用

1.5.1 装配式建筑的优缺点

1. 优点

（1）构件可在工厂内进行成品化生产，施工现场可直接安装，方便又快捷，可大大缩短施工工期。

（2）构件在工厂采用机械化生产，产品质量更容易得到有效控制。

（3）周转料具投入量减少，可降低料具租赁费用。

（4）减少施工现场湿作业量，有利于环境保护。

（5）因施工现场作业量减少，可在一定程度上降低材料浪费数量。

（6）构件机械化程度高，可极大减少现场施工人员配备。

2. 缺点

（1）由于受到设计、验收规范、施工技术滞后的影响，施工技装配式建筑在建筑物总高度及层高上会有一定的限制。

（2）预制构件、部品部件内预埋件、螺栓等使用量有较大增加，会增加产品成本。

（3）会受到生产模具限制及运输（水平、垂直）的限制，构件尺寸不能过大。

（4）对现场垂直运输机械要求较高，需使用较大型的吊装机械。若构件预制厂距离施工现场过远，会增加较多的运输成本。

总之，装配式建筑的主要优点是能实现标准化设计、工厂化生产、装配化施工、一体化装修、信息化管理和智能化应用，进而提高技术水平和工程质量，促进建筑产业转型升级。

1.5.2 BIM 技术应用是实现装配式建筑的技术核心

（1）与传统建筑不同，装配式建筑的典型特征是标准化的预制构件或部品在工厂生产，然后运输到施工现场装配、组装成整体。这意味着从设计的初始阶段即需要考虑构件的加工生产、施工安装、维护保养等，并在设计过程中与结构、设备、电气、内装专业紧密沟通，进行全专业、全过程的一体化思考，实现“标准化设计、工厂化生产、装配式施工、一体化装修、信息化管理”。

（2）要实现装配式建筑的普及应用，BIM应用是技术核心。为避免预制构件在现场安装不上，造成返工与资源浪费等问题，保证设计、生产、装配的全流程管理，BIM技术的应用势在必行。

（3）传统的建设模式中，设计、工厂制造、现场安装三个阶段是分离的，设计得不合理，往往只能在安装过程中才会被发现，造成变更和浪费，甚至影响质量。BIM技术的引入，将设计方案、制造需求、安装需求集成在BIM模型中，在实际建造前统筹考虑各种要求，把实际制造、安装过程中可能产生的问题提前解决。

（4）BIM构件库。与传统建筑方式采用BIM类似，装配式建筑的BIM应用有利于通过可视化的设计实现人机友好协同和更为精细化的设计。引入BIM技术后，建立装配式建筑的BIM构件库，就可模拟工厂加工，以“预制构件模型”的方式来进行系统集成和表达。据了解，目前，一些BIM行业企业正积极搭建BIM族库，不断增加和丰富BIM虚拟构件的数量、种类和规格，逐步构建标准化预制构件库。

（5）BIM+装配式建筑，颠覆传统建筑业。作为2017年建筑领域的两大热词，如果说装配式建筑是生产方式的变革，那么BIM应用则是推动这一变革的重要技术手段。

（6）BIM技术服务于设计、建设、运维、拆除的全生命周期，可以数字化虚拟、信息化描述各种系统要素，实现信息化协同设计、可视化装配，工程量信息的交互和节点连接模拟及检验等全新运用。通过BIM技术的应用，装配式建筑将整合建筑全产业链，实现全过程、全方位的信息化集成。

（7）在工业化元素和信息化元素连接越来越紧密的时代，BIM技术将与装配式建筑实现完美融合，推动建筑业的创新发展，甚至颠覆传统建筑业。

2

装配式建筑工程造价计价原理

2.1 装配式建筑及工程造价的特性

2.1.1 装配式建筑的特点

装配式建筑工程造价的特点是由装配式建筑的特性和生产方式决定的。

2.1.2 装配式建筑的特性

(1) 标准化

装配式建筑特别是装配式住宅，采用标准化设计的施工图进行建造。预制构件标准化、住宅部品标准是装配式建筑的重要特性。

(2) 预制率高

装配式建筑特别是装配式混凝土建筑构件的预制率较高。可以根据建筑预制构件的标准图设计，实现工业化、大批量生产。

(3) 机械化程度高

大量预制混凝土构件在 PC 工厂大规模生产、大型运输设备及吊装设备将预制混凝土构件快速运往施工现场进行组装，实现了高机械化程度的施工生产目标。

(4) 快速组合

装配式建筑实现了将 PC 构件与住宅部品快速组合的施工生产工艺，提高了工程质量，加快了建筑安装与装饰的综合性施工进度，带来了经济效益和社会效益。

2.1.3 装配式建筑工程造价的特性

装配式建筑工程造价的特性由装配式建筑的特性决定。

(1) PC 工厂产品价格高

目前的 PC 工厂往往采用信息化、自动化、集成化程度很高的进口成套设备生产预制混凝土构件。该生产设备具有摊销价值高、折旧期长的特点。所以，与传统生产工艺比较，提高了 PC 构件的价格。

另外，PC 构件的运输需要专用的运输设备运到施工现场。运输距离超过合理的范围，必然增加 PC 构件的运输成本。

(2) 部品化特性改变了计价方式

装配式建筑的基础部分还是采用传统的现浇混凝土的方式，可以根据传统计价定额用分部分项工程项目计算工程造价。住宅部品化后，构成工程造价的实体单元是以各部品的形式出现。一个部品往往由两个或两个以上的分项工程按其功能要求组合而成，计价过程具有综合性特征。因此，装配式部品化特性，改变了传统的工程造价计价方式。

(3) 市场定价逐渐占据主导地位

PC工厂的预制构件是产品，屋顶、墙体、楼板、门窗、隔墙、卫生间、厨房、阳台、楼梯、储柜等部品分别由各工厂生产。这些产品都有出厂价或者生产价，不会按照计价定额来确定单价。通过市场交易、采用市场价确定部品价格将成为确定工程造价的主流。

2.2 确定装配式建筑工程造价的方法

装配式混凝土建筑的基础是采用现浇的方式施工，适合采用单位估价法计算工程造价；装配式建筑主体架构是采用PC构件的搭建方式施工，适合采用实物金额法计算工程造价；装配式建筑的配套设备、装饰装修、其他构配件是采用部品部件的方式施工，适合采用市场法计算工程造价。

2.2.1 装配式混凝土建筑现浇基础工程造价计算方法

1. 单位估价法数学模型

装配式建筑物现浇混凝土基础部分，可以采用传统的单位估计法来确定工程造价。当以人工费为取费基础时，其数学模型构建如下：

基础部分工程造价＝{∑[基础部分的分项工程量×定额基价(不含进项税)]＋∑(基础部分的分项工程量×定额人工单价)×(1＋管理费率＋利润率＋措施项目费率＋其他项目费率＋规费率)＋人工费价差＋材料价差＋机械费价差}×(1＋增值税率)

2. 单位估价法示例

(1) 计算条件

某装配式建筑现浇C30混凝土独立基础工程量为254m³。该地区现浇混凝土独立基础预算定额见表2-1。

现浇混凝土 **表2-1**

工作内容：浇筑、振捣、养护等。 单位：10m³

定额编号				5-5
项　目				混凝土独立基础
基价(元)				4321.07
其中	人工费(元)			212.88
	材料费(元)			4108.19
	机械费(元)			—
名　称		单位	单价	消耗量
人工	普工	工日	60.00	0.840
	一般技工	工日	80.00	1.681
	高级技工	工日	100.00	0.280
材料	预拌混凝土C20	m³	402.50	10.100
	塑料薄膜	m²	0.80	15.927
	水	m³	2.30	1.125
	电	kW·h	1.87	2.310

某地区各项费用计算规定：

企业管理费＝定额人工费×费率(15%)

利润＝定额人工费×费率(18%)

措施项目费＝定额人工费×费率(6%)

规费＝定额人工费×费率(12%)

增值税＝税前造价×9%

(2) 某地区人工、材料单价市场价（指导价）

某地区人工、材料指导价见表 2-2。

人工、材料指导价 **表 2-2**

序　号	名　称	单　位	单价(元)
1	普工	工日	80
2	一般技工	工日	130
3	高级技工	工日	180
4	预拌混凝土 C20	m^3	485.00
5	塑料薄膜	m^2	0.86
6	水	m^3	2.50
7	电	kW·h	2.00

(3) 人工、材料价差计算

人工、材料价差计算见表 2-3。计算步骤如下：

1) 计算人工消耗量

将现浇 C30 混凝土独立基础工程量 254m^3 填入序号 1～7 的“数量”栏目内；然后将定额（表 1-2）中每 m^3 的“普工”用工“0.084 工日”“一般技工”用工“0.1681 工日”“高级技工”用工“0.028 工日”填写在表中序号 1～3 的“数量”栏目后计算三个人工消耗量。

2) 计算材料消耗量

将定额（表 2-1）中每 m^3 的“预拌混凝土 C20”用量“1.01m^3”“塑料薄膜”用量“1.593m^2”“水”用量“0.1125m^3”“电”用量“0.231kW·h”填写在表中序号 4～7 的“数量”栏目后分别计算材料消耗量。

3) 计算单价价差

将定额（表 2-1）中的人工、材料单价填入表 1-4 中的“定额价”栏目，将人工、材料指导价（表 2-2）填入表 1-4 的“指导价”栏目，然后分别计算单价价差填入表 1-4 中的“价差”栏目。

4) 计算人工、材料价差

将表 2-3 中的人工、材料数量（数量栏目）分别乘以价差（价差栏目）填写到“小计”栏目内；然后人工费小计（3130.53 元）、材料费小计（21202.18 元），最后计算出人工、材料价差合计（24332.70 元）。

人工、材料价差计算表 表 2-3

序号	名称	数量	单位	指导价（元）	定额价（元）	价差（元）	小计（元）
1	普工	$254m^3$×0.084=21.336	工日	80	60.00	20.00	426.72
2	一般技工	$254m^3$×0.1681=42.697	工日	130	80.00	50.00	2134.85
3	高级技工	$254m^3$×0.028=7.112	工日	180	100.00	80.00	568.96
		人工费小计					3130.53
4	预拌混凝土 C20	$254m^3$×1.010=256.54	m^3	485.00	402.50	82.50	21164.55
5	塑料薄膜	$254m^3$×1.593=404.62	m^2	0.86	0.80	0.06	24.28
6	水	$254m^3$×0.1125=28.58	m^3	2.50	2.30	0.20	5.72
7	电	$254m^3$×0.231=58.67	kW·h	2.00	1.87	0.13	7.63
		材料费小计					21202.18
		合　计					24332.70

(4) 现浇 C20 混凝土独立基础工程造价计算

工程造价计算步骤如下：

1) 现浇 C20 混凝土独立基础工程量（$254m^3$）乘以表 2-1 中定额基价（432.11 元）得出定额直接费（109755.94 元）。

2) 独立基础工程量（$254m^3$）乘以表 2-1 中定额人工费（21.29 元）得出定额人工费（5407.66 元）。

3) 根据人工、材料指导价（表 2-2）与定额价（表 2-1）之差，乘以定额材料用量，计算出（表 2-3）人工、材料价差（24332.70 元）。

4) 将企业管理费费率（15%）、利润率（18%）、措施项目费费率（6%）、规费费率（12%）合计费率为（51%）。

5) 根据费用计算规定，用定额人工费（5407.66 元）乘以上面加总的费率（51%）得出企业管理费等 4 项费用计算结果（2757.91 元）。

6) 将定额直接费（109755.94 元）、企业管理费等 4 项费用（2757.91 元）、人工与材料价差（24332.70 元）加总得出（136846.55 元），乘以增值税税率 9%，计算出该项目增值税（13684.66 元）。

7) 将定额直接费（109755.94 元）、企业管理费等 4 项费用（2757.91 元）、人工与材料价差（24332.70 元）、增值税（13684.66 元）加总，计算出现浇 C20 混凝土独立基础项目的工程造价（150531.21）。

采用数学模型计算工程造价的方法如下：

工程造价＝{[Σ分项工程量×定额基价(不含进项税)]＋[Σ(分项工程量×定额人工单价(不含进项税)]×(管理费率＋利润率＋措施项目费率＋其他项目费率＋规费率)＋人工费价差＋材料价差＋机械费价差}×(1＋增值税率)

＝{Σ(254.00×432.11)＋Σ(254×21.29)×(15%＋18%＋6%＋0%＋12%)＋3130.53＋21202.18＋0}×(1＋9%)

=[109755.94+(5407.66×0.51)+24332.71]×(1+9%)

=136846.56×1.09

=149162.75 元

采用表格计算工程造价的方法如下：

根据上述计算条件，用表格法现浇 C20 混凝土独立基础工程造价，见表 2-4。

装配式建筑工程造价计算表 表 2-4

<table>
<tr><th>序号</th><th colspan="3">费用项目</th><th>计算基础</th><th>计算式</th><th>金额(元)</th></tr>
<tr><td rowspan="7">1</td><td rowspan="7">分部分项工程费</td><td colspan="2">人工费</td><td rowspan="3"></td><td rowspan="3">定额直接费=Σ(分部分项工程量×定额基价)=109755.94 元</td><td rowspan="3">109755.94</td></tr>
<tr><td colspan="2">材料费</td></tr>
<tr><td colspan="2">机械(具)费</td></tr>
<tr><td colspan="2">人材机价差调整</td><td></td><td>人材机价差=Σ(人材机用量×材料价差)</td><td>24332.70</td></tr>
<tr><td colspan="2">企业管理费</td><td>定额人工费</td><td>定额人工费×管理费率=5407.66×15%</td><td>811.15</td></tr>
<tr><td colspan="2">利润</td><td>定额人工费</td><td>5407.66×18%</td><td>973.38</td></tr>
<tr><td colspan="2">小计</td><td></td><td></td><td>135873.17</td></tr>
<tr><td rowspan="4">2</td><td rowspan="4">措施项目费</td><td colspan="2">单价措施项目</td><td colspan="2"></td><td>无</td></tr>
<tr><td rowspan="3">总价措施</td><td>安全文明施工费</td><td rowspan="3">分部分项工程定额人工费</td><td rowspan="3">(分部分项工程定额人工费)×措施费率=5407.66×6%</td><td rowspan="3">324.46</td></tr>
<tr><td>夜间施工增加费</td></tr>
<tr><td>二次搬运费</td></tr>
<tr><td rowspan="4">3</td><td rowspan="4">其他项目费</td><td colspan="2">总承包服务费</td><td></td><td>分包工程造价×费率</td><td>无</td></tr>
<tr><td colspan="2">暂列金额</td><td colspan="2" rowspan="2">根据招标工程量清单列出的项目计算</td><td rowspan="2">无</td></tr>
<tr><td colspan="2">暂估价</td></tr>
<tr><td colspan="2">计日工</td><td colspan="2"></td><td>无</td></tr>
<tr><td rowspan="2">4</td><td rowspan="2">规费</td><td colspan="2">社会保险费</td><td rowspan="2">定额人工费</td><td rowspan="2">(定额人工费)×费率=5407.66×12%</td><td rowspan="2">648.92</td></tr>
<tr><td colspan="2">住房公积金</td></tr>
<tr><td>5</td><td></td><td colspan="2">税前造价</td><td>序 1+序 2+序 3+序 4</td><td>135873.17+324.46+648.92</td><td>136846.55</td></tr>
<tr><td>6</td><td>税金</td><td colspan="2">增值税</td><td>税前造价</td><td>136846.55×9%</td><td>12316.19</td></tr>
<tr><td colspan="6">工程造价=序 1+序 2+序 3+序 4+序 6</td><td>149162.74</td></tr>
</table>

2.2.2 装配式预制构件工程造价的计算方法

1. 实物金额法确定工程造价数学模型

装配式预制构件依据消耗量定额采用实物金额法确定工程造价，以工程直接费为取费基础。其数学模型构建如下（以定额人工费取费）：

工程造价={[Σ(工程量×定额用工×定额人工单价)]×(1+管理费率+利润率+措施项目费率+其他项目费率+规费率)+[Σ(工程量×定额用工量×人工单价)]+[Σ(工程量×定额材料量×材料单价)]+[Σ(工程量×定

额机械台班量×台班单价)]}×(1+增值税率)

2. 实物金额法示例

(1) 计算条件

某装配式混凝土建筑的预制实心柱吊装工程量为 308m³。人材机市场价与定额价见表 2-5。

人材机价格表 **表 2-5**

序号	名称	市场价	定额价
1	技工	150 元/工日	90 元/工日
2	普工	120 元/工日	75 元/工日
3	干混砌筑砂浆 DM M20	380.30 元/m³	350.55 元/m³
4	垫铁	4.10 元/kg	3.80 元/kg
5	垫木	1650 元/m³	1600 元/m³
6	斜支撑杆件 ϕ48×3.5	23.60 元/套	21.03 元/套
7	预埋铁件	4.10 元/kg	3.80 元/kg
8	干混砂浆罐式搅拌机	200.15 元/台班	178.00 元/台班

注：上述费用均不含进项税。

(2) 某地区规定的各项费率与取费基础

企业管理费＝定额人工费×费率 (15％)

利润＝定额人工费×费率 (18％)

措施项目费＝定额人工费×费率 (6％)

其他项目费＝定额人工费×费率 (4％)

规费＝定额人工费×费率 (12％)

增值税＝税前造价×9％

(3) 某地区装配式建筑消耗量定额选用

某地区装配式建筑消耗量定额选用见表 2-6。

装配式预制构件吊装消耗量定额 **表 2-6**

工作内容：支撑杆连接件预埋，结合面清理，构件吊装、就位、校正、垫实、固定，座浆料铺筑，搭设和拆除钢支架

计量单位：10m³

定额编号				2-5
项目				预制实心柱
名称			单位	消耗量
人工	合计工日		工日	9.34
	其中	普工	工日	2.802
		技工	工日	6.538
材料	预制混凝土柱		m³	10.050
	干混砌筑砂浆 DM M20		m³	0.080
	垫铁		kg	7.480
	垫木		m³	0.010
	斜支撑杆件 ϕ48×3.5		套	0.340
	预埋铁件		kg	13.050
	其他材料费			0.600
机械	干混砂浆罐式搅拌机		台班	0.008

（4）材料价差计算

根据某装配式混凝土建筑吊装预制实心柱工程量（308m³）、选用的装配式预制构件吊装消耗量定额和某地区人工、材料、机械台班市场价（指导价），计算该分项工程的人材机价差。计算过程见表 2-7。

实物金额法价差计算表（单位：元） **表 2-7**

序号	名称	数量	单位	市场价	定额价	价差	合计
1	人工	308×0.2802=86.30	工日	150.00	75.00	45.00	3883.50
		308×0.6538=201.37		120.00	90.00	60.00	12082.20
	小计						15965.70
2	干混砂浆	308×0.008=2.46	m³	380.30	355.55	24.75	60.89
3	垫铁	308×0.748=230.38	kg	4.10	3.80	0.30	69.11
4	垫木	308×0.001=0.31	m³	1650.00	1600.00	50.00	15.50
5	斜支撑	308×0.034=10.47	套	23.60	21.03	2.57	26.91
6	预埋铁件	308×1.304=401.63	kg	4.10	3.80	0.30	120.49
	小计						292.90
7	其他材费	材料费=292.9×0.6%	元				1.76
	材料费小计						294.66
8	干混砂浆搅拌机	308×0.0008=0.246	台班	200.15	178.00	22.15	5.45
	小计						5.45
	合计						16265.81

注：表格中费用均不含进项税。

（5）吊装预制实心柱工程造价计算

1）采用实物金额法计算工程造价

① 计算吊装预制实心柱定额人工费

308m³×0.2802 工日/m³×75 元（普工定额价）+308m³×0.6538 工日/m³×90 元（技工定额价）=6472.62+18123.34=24595.96 元

② 计算吊装预制实心柱人工价差和全部人工费

表 2-7 计算的人工价差为 15965.70 元；全部人工费=24595.96+15965.70=40561.66 元

③ 计算材料费

材料费合计为 4311.08 元，计算过程见表 2-8。

材料费计算表 **表 2-8**

序号	材料名称	材料数量	材料市场价（元）	材料费小计（元）
1	干混砂浆	308×0.008=2.46m³	380.30	935.54
2	垫铁	308×0.748=230.38kg	4.10	944.56
3	垫木	308×0.001=0.31m³	1650.00	511.50
4	斜支撑	308×0.034=10.47 套	23.60	247.09

续表

序号	材料名称	材料数量	材料市场价(元)	材料费小计(元)
5	预埋铁件	308×1.304=401.63kg	4.10	1646.68
	小计			4285.37
6	其他材料费	4285.37×0.6%		25.71
	合计			4311.08

④ 计算机械费

308m^3×0.0008 台班/m^3×200.15 元/台班=49.32 元

⑤ 根据费用计算规定，用定额人工费（24595.96 元）乘以上面加总的费率（55%）得出企业管理费等 5 项费用，计算结果为 13527.78 元。

⑥ 计算直接费和管理费等五项费用

将人工费（40561.66 元）、材料费（4311.08 元）、机械费（49.32 元）企业管理费等 5 项费用（13527.78 元）加总，等于税前造价（58449.84 元）。

⑦ 计算增值税

税前造价（58449.84 元）乘以增值税税率 9%，得出该项目增值税（5260.49 元）。

⑧ 计算该项目工程造价

吊装预制实心柱项目工程造价，等于税前造价（58449.84 元）加上增值税后为 63710.33 元。

2）采用实物金额法数学模型计算工程造价

各种计算条件和计算依据同实物金额法示例的内容。

工程造价={[Σ(工程量×定额用工×定额人工单价)]×(1+管理费率+利润率+措施项目费率+其他项目费率+规费率)+[Σ(工程量×定额用工量×人工单价)]+[Σ(工程量×定额材料量×材料单价)]+[Σ(工程量×定额机械台班量×台班单价)]}×(1+增值税率)

={[308m^3×0.2802 工日/m^3×75 元(普工定额价)+308m^3×0.6538 工日/m^3×90 元(技工定额价)]×(15%+18%+6%+4%+12%)+[308m^3×0.2802 工日/m^3×120 元(普工单价)+308m^3×0.6538 工日/m^3×150 元(技工单价)]+[材料费 4311.08 元(见表 2-6)]+[49.32 元(见表 2-6)]}×(1+9%)

=[(定额人工费 24595.96×55%)+(人工费 40561.66)+(材料费 4311.08)+(机械费 49.32)]×1.09

=(13527.78+40561.66+4311.08+49.32)×1.09

=58449.84×1.09

=63710.33 元

3）采用实物金额法表格计算工程造价

各种计算条件和计算依据同实物金额法示例的内容。计算过程见表 2-9。

装配式建筑工程造价计算表（实物金额法）　　表 2-9

<table>
<tr><th>序号</th><th colspan="3">费用项目</th><th>计算基础</th><th>计算式</th><th>金额(元)</th></tr>
<tr><td rowspan="7">1</td><td rowspan="7">分部分项工程费</td><td colspan="2">人工费</td><td></td><td>308m^3×0.2802 工日/m^3×120 元(普工单价)+308m^3×0.6538 工日/m^3×150 元(技工单价)=40561.66</td><td>40561.66</td></tr>
<tr><td colspan="2">其中定额人工费</td><td></td><td>308m^3×0.2802 工日/m^3×75 元(普工定额价)+308m^3×0.6538 工日/m^3×90 元(技工定额价)=24595.96</td><td>24595.96</td></tr>
<tr><td colspan="2">材料费</td><td></td><td>见表 2-8</td><td>4311.08</td></tr>
<tr><td colspan="2">机械(具)费</td><td></td><td>308m^3×0.0008 台班/m^3×200.15 元/台班=49.32</td><td>49.32</td></tr>
<tr><td colspan="2">企业管理费</td><td>定额人工费</td><td>定额人工费×管理费率=24595.96×15%</td><td>3689.39</td></tr>
<tr><td colspan="2">利润</td><td>定额人工费</td><td>24595.96×18%</td><td>4427.27</td></tr>
<tr><td colspan="2">小计</td><td></td><td></td><td>53038.72</td></tr>
<tr><td rowspan="4">2</td><td rowspan="4">措施项目费</td><td colspan="2">单价措施项目</td><td colspan="2"></td><td>无</td></tr>
<tr><td rowspan="3">总价措施</td><td>安全文明施工费</td><td rowspan="3">分部分项工程定额人工费</td><td rowspan="3">(分部分项工程定额人工费)×措施费率=24595.96×6%</td><td rowspan="3">1475.76</td></tr>
<tr><td>夜间施工增加费</td></tr>
<tr><td>二次搬运费</td></tr>
<tr><td rowspan="4">3</td><td rowspan="4">其他项目费</td><td colspan="2">总承包服务费</td><td></td><td>分包工程造价×费率</td><td>无</td></tr>
<tr><td colspan="2">暂列金额</td><td colspan="2" rowspan="2">根据招标工程量清单列出的项目计算</td><td rowspan="2">无</td></tr>
<tr><td colspan="2">暂估价</td></tr>
<tr><td colspan="2">计日工</td><td colspan="2">该工程规定;定额人工费×4%</td><td>983.85</td></tr>
<tr><td rowspan="2">4</td><td rowspan="2">规费</td><td colspan="2">社会保险费</td><td rowspan="2">定额人工费</td><td rowspan="2">(定额人工费)×费率=24595.96×12%</td><td rowspan="2">2951.52</td></tr>
<tr><td colspan="2">住房公积金</td></tr>
<tr><td>5</td><td></td><td colspan="2">税前造价</td><td>序 1+序 2+序 3+序 4</td><td>53038.72+1475.76+983.85+2951.52</td><td>58449.85</td></tr>
<tr><td>6</td><td>税金</td><td colspan="2">增值税</td><td>税前造价</td><td>58449.85×9%</td><td>5260.49</td></tr>
<tr><td colspan="6">工程造价=序 1+序 2+序 3+序 4+序 6</td><td>63710.34</td></tr>
</table>

2.2.3 市场法住宅部品工程造价计算方法

1. 市场法住宅部品工程造价计算数学模型

工程造价={[∑住宅部品制作数量×市场价(不含进项税)]+[∑住宅部品运输数量×市场价(不含进项税)]+[∑住宅部品制作数量×市场价(不含进项税)]}×(1+管理费率+利润率+措施项目费率+其他项目费率+规费率)×(1+增值税率)

2. 住宅部品工程造价计算示例

(1) 计算条件

某装配式建筑住宅需成品 PC 叠合板 83.72m^3、洗漱台部品 24 组、淋浴间部品 24

组，应用“市场法”计算住宅部品工程造价。

市场价：成品PC叠合板出厂价510元/m^3、运输价40元/m^3、安装价110元/m^3；洗漱台部品出厂价1500元/组、运输价80元/组、安装价70元/组；淋浴间部品5600元/组、运输价180元/组、安装价70元/组。上述费用均不含进项税。

按某地区规定住宅部品工程造价，应计算以下费用：

企业管理费＝成品价×费率（3%）

利润＝成品价×费率（5%）

措施项目费＝成品价×费率（1.2%）

规费＝成品价×费率（2%）

增值税＝税前造价×9%

（2）采用数学模型计算住宅部品工程造价

工程造价＝{[∑住宅部品制作数量×市场价(不含进项税)]＋[∑住宅部品运输数量×市场价(不含进项税)]＋[∑住宅部品制作数量×市场价(不含进项税)]}×(1＋管理费率＋利润率＋措施项目费率＋其他项目费率＋规费率)×(1＋增值税率)

＝{(83.72×510＋24×1500＋24×5600)＋(83.72×40＋24×80＋24×180)＋(83.72×110＋24×70＋24×70)＋(83.72×510＋24×1500＋24×5600)×(3%＋5%＋1.2%＋2%)}×(1＋9%)

＝[(213097.20＋9588.80＋12569.20)＋(83.72×510＋24×1500＋24×5600)×0.092]×1.09

＝(235255.20＋213097.20×0.112)×1.09

＝(235255.20＋23866.89)×1.09

＝259122.09×1.09

＝282443.08元

（3）采用表格计算住宅部品工程造价

采用表格计算住宅部品工程造价见表2-10。

住宅部品工程造价计算表 **表2-10**

序号	项目名称		数量	单价	计算式	金额(元)
1	住宅部品费	PC叠合板	83.72m^3	制作:510元/m^3 运输:40元/m^3 安装:110元/m^3	83.72×(510＋40＋110) ＝83.72×660 ＝55255.20	55255.20
		洗漱台	24组	制作:1500元/组 运输:80元/组 安装:70元/组	24×(1500＋80＋70) ＝24×1750 ＝42000	39600.00
		淋浴间	24组	制作:5600元/组 运输:180元/组 安装:70元/组	24×(5600＋180＋70) ＝24×5850 ＝140400	140400.00
		小计				235255.20

续表

<table>
<tr><th>序号</th><th colspan="3">项目名称</th><th>数量</th><th>单价</th><th>计算式</th><th>金额(元)</th></tr>
<tr><td>2</td><td colspan="3">企业管理费</td><td colspan="3">(83.72×510+24×1500+24×5600)×3%
=213097.20×3%=6392.92</td><td>6392.92</td></tr>
<tr><td>3</td><td colspan="3">利润</td><td colspan="3">(83.72×510+24×1500+24×5600)×5%
=213097.20×5%=10645.86</td><td>10654.86</td></tr>
<tr><td rowspan="4">4</td><td rowspan="4">措施项目费</td><td colspan="2">单价措施项目</td><td colspan="3"></td><td>无</td></tr>
<tr><td rowspan="3">总价措施</td><td>安全文明施工费</td><td rowspan="3">成品价</td><td colspan="2" rowspan="3">(部品制作费)×措施费率
=213097.20×1.2%
=2557.17</td><td rowspan="3">2557.17</td></tr>
<tr><td>夜间施工增加费</td></tr>
<tr><td>二次搬运费</td></tr>
<tr><td rowspan="4">5</td><td rowspan="4">其他项目费</td><td colspan="2">总承包服务费</td><td></td><td colspan="2">分包工程造价×费率</td><td>无</td></tr>
<tr><td colspan="2">暂列金额</td><td colspan="3" rowspan="2">根据招标工程量清单列出的项目计算</td><td rowspan="2">无</td></tr>
<tr><td colspan="2">暂估价</td></tr>
<tr><td colspan="2">计日工</td><td colspan="3"></td><td>无</td></tr>
<tr><td rowspan="2">6</td><td rowspan="2">规费</td><td colspan="2">社会保险费</td><td rowspan="2">成品价</td><td colspan="2" rowspan="2">(部品成品价)×费率
=213097.20×2%</td><td rowspan="2">4261.94</td></tr>
<tr><td colspan="2">住房公积金</td></tr>
<tr><td>7</td><td></td><td colspan="2">税前造价</td><td>序1~序6</td><td colspan="2">235255.20+6392.92+10654.86+2557.17+4261.94</td><td>259122.09</td></tr>
<tr><td>8</td><td>税金</td><td colspan="2">增值税</td><td>税前造价</td><td colspan="2">259122.09×9%</td><td>23320.99</td></tr>
<tr><td colspan="7">工程造价=序1+序2+序3+序4+序5+序6+序8</td><td>282433.08</td></tr>
</table>

2.2.4 装配式混凝土建筑工程造价计算方法选择

装配式混凝土建筑工程造价=现浇基础造价+预制构件造价+住宅部品造价

综上所述，装配式混凝土建筑工程造价，要根据具体情况采用上述一种、两种或三种方法来进行计算。

3

装配式建筑工程造价费用构成与计算程序

3.1 概　　述

3.1.1 建标［2013］44号文规定建筑安装工程费用构成

装配式建筑工程造价费用构成依据住房和城乡建设部、财政部2013年颁发《建筑安装工程费用项目组成》（建标［2013］44号）文规定建筑安装工程费用项目组成内容，见表3-1。

建标［2013］44号文建筑安装工程费用构成　　表3-1

序号	费　用	组成内容
1	分部分项工程费	人工费
		材料费
		施工机具使用费
		企业管理费
		利润
2	措施项目费	单价措施项目费
		总价措施项目费
3	其他项目费	暂列金额
		计日工
		总承包服务费
4	规费	社会保险费
		住房公积金
		工程排污费
5	税金	营业税
		城市建设维护税
		教育费附加
		地方教育附加

3.1.2 营改增后建筑安装工程费用构成

营改增后建筑安装工程费用构成内容，见表3-2。

营改增后建筑安装工程费用项目组成　　表3-2

序号	费　用	组成内容
1	分部分项工程费	人工费
		材料费
		施工机具使用费

续表

序号	费　用	组成内容
1	分部分项工程费	企业管理费(含城市建设维护税、教育费附加、地方教育附加)
		利润
2	措施项目费	单价措施项目费
		总价措施项目费
3	其他项目费	暂列金额
		计日工
		总承包服务费
4	规费	社会保险费
		住房公积金
		工程排污费
5	税金	增值税

3.2　分部分项工程费构成

3.2.1　人工费

是指按工资总额构成规定，支付给从事建筑安装工程施工的生产工人和附属生产单位工人的各项费用。内容包括：

（1）计时工资或计件工资

是指按计时工资标准和工作时间或对已做工作按计件单价支付给个人的劳动报酬。

（2）奖金

是指对超额劳动和增收节支支付给个人的劳动报酬。如节约奖、劳动竞赛奖等。

（3）津贴补贴

是指为了补偿职工特殊或额外的劳动消耗和因其他特殊原因支付给个人的津贴，以及为了保证职工工资水平不受物价影响支付给个人的物价补贴。如流动施工津贴、特殊地区施工津贴、高温（寒）作业临时津贴、高空津贴等。

（4）加班加点工资

是指按规定支付的在法定节假日工作的加班工资和在法定日工作时间外延时工作的加点工资。

(5) 特殊情况下支付的工资

是指根据国家法律、法规和政策规定，因病、工伤、产假、计划生育假、婚丧假、事假、探亲假、定期休假、停工学习、执行国家或社会义务等原因按计时工资标准或计时工资标准的一定比例支付的工资。

3.2.2 材料费

是指施工过程中耗费的原材料、辅助材料、构配件、零件、半成品或成品、工程设备的费用。内容包括：

(1) 材料原价

是指材料、工程设备的出厂价格或商家供应价格。

(2) 运杂费

是指材料、工程设备自来源地运至工地仓库或指定堆放地点所发生的全部费用。

(3) 运输损耗费

是指材料在运输装卸过程中不可避免的损耗。

(4) 采购及保管费

是指为组织采购、供应和保管材料、工程设备的过程中所需要的各项费用。包括采购费、仓储费、工地保管费、仓储损耗。

工程设备是指构成或计划构成永久工程一部分的机电设备、金属结构设备、仪器装置及其他类似的设备和装置。

3.2.3 施工机具使用费

是指施工作业所发生的施工机械、仪器仪表使用费或其租赁费。

1. 施工机械使用费

以施工机械台班耗用量乘以施工机械台班单价表示，施工机械台班单价应由下列七项费用组成：

(1) 折旧费

指施工机械在规定的使用年限内，陆续收回其原值的费用。

(2) 大修理费

指施工机械按规定的大修理间隔台班进行必要的大修理，以恢复其正常功能所需的费用。

(3) 经常修理费

指施工机械除大修理以外的各级保养和临时故障排除所需的费用。包括为保障机械正常运转所需替换设备与随机配备工具附具的摊销和维护费用，机械运转中日常保养所需润滑与擦拭的材料费用及机械停滞期间的维护和保养费用等。

(4) 安拆费及场外运费

安拆费指施工机械（大型机械除外）在现场进行安装与拆卸所需的人工、材料、机械和试运转费用以及机械辅助设施的折旧、搭设、拆除等费用；场外运费指施工机械整体或分体自停放地点运至施工现场或由一施工地点运至另一施工地点的运输、装卸、辅助材料及架线等费用。

（5）人工费

指机上司机（司炉）和其他操作人员的人工费。

（6）燃料动力费

指施工机械在运转作业中所消耗的各种燃料及水、电等。

（7）税费

指施工机械按照国家规定应缴纳的车船使用税、保险费及年检费等。

2. 仪器仪表使用费

是指工程施工所需使用的仪器仪表的摊销及维修费用。

3.2.4　企业管理费

是指建筑安装企业组织施工生产和经营管理所需的费用。内容包括：

（1）管理人员工资

是指按规定支付给管理人员的计时工资、奖金、津贴补贴、加班加点工资及特殊情况下支付的工资等。

（2）办公费

是指企业管理办公用的文具、纸张、账表、印刷、邮电、书报、办公软件、现场监控、会议、水电和集体取暖降温（包括现场临时宿舍取暖降温）等费用。

（3）差旅交通费

是指职工因公出差、调动工作的差旅费、住勤补助费，市内交通费和误餐补助费，职工探亲路费，劳动力招募费，职工退休、退职一次性路费，工伤人员就医路费，工地转移费以及管理部门使用的交通工具的油料、燃料等费用。

（4）固定资产使用费

是指管理和试验部门及附属生产单位使用的属于固定资产的房屋、设备、仪器等的折旧、大修、维修或租赁费。

（5）工具用具使用费

是指企业施工生产和管理使用的不属于固定资产的工具、器具、家具、交通工具和检验、试验、测绘、消防用具等的购置、维修和摊销费。

（6）劳动保险和职工福利费

是指由企业支付的职工退职金、按规定支付给离休干部的经费，集体福利费、夏季防暑降温、冬季取暖补贴、上下班交通补贴等。

（7）劳动保护费

是企业按规定发放的劳动保护用品的支出。如工作服、手套、防暑降温饮料以及在有碍身体健康的环境中施工的保健费用等。

（8）检验试验费

是指施工企业按照有关标准规定，对建筑以及材料、构件和建筑安装物进行一般鉴定、检查所发生的费用，包括自设试验室进行试验所耗用的材料等费用。不包括新结构、新材料的试验费，对构件做破坏性试验及其他特殊要求检验试验的费用和建设单位委托检测机构进行检测的费用，对此类检测发生的费用，由建设单位在工程建设其他费用中列支。但对施工企业提供的具有合格证明的材料进行检测不合格的，该检测费用由施工企业支付。

（9）工会经费

是指企业按《工会法》规定的全部职工工资总额比例计提的工会经费。

（10）职工教育经费

是指按职工工资总额的规定比例计提，企业为职工进行专业技术和职业技能培训，专业技术人员继续教育、职工职业技能鉴定、职业资格认定以及根据需要对职工进行各类文化教育所发生的费用。

（11）财产保险费

是指施工管理用财产、车辆等的保险费用。

（12）财务费

是指企业为施工生产筹集资金或提供预付款担保、履约担保、职工工资支付担保等所发生的各种费用。

（13）税金

是指企业按规定缴纳的城市维护建设税、教育费附加、地方教育附加，还包括房产税、车船使用税、土地使用税、印花税等。

（14）其他

包括技术转让费、技术开发费、投标费、业务招待费、绿化费、广告费、公证费、法律顾问费、审计费、咨询费、保险费等。

3.2.5 利润

是指施工企业完成所承包工程获得的盈利。

3.3 措施项目费

措施项目费是指为完成建设工程施工，发生于该工程施工前和施工过程中的技术、生活、安全、环境保护等方面的费用。内容包括：

3.3.1 安全文明施工费

（1）环境保护费

是指施工现场为达到环保部门要求所需要的各项费用。

（2）文明施工费

是指施工现场文明施工所需要的各项费用。

（3）安全施工费

是指施工现场安全施工所需要的各项费用。

（4）临时设施费

是指施工企业为进行建设工程施工所必须搭设的生活和生产用的临时建筑物、构筑物和其他临时设施费用。包括临时设施的搭设、维修、拆除、清理费或摊销费等。

3.3.2 夜间施工增加费

是指因夜间施工所发生的夜班补助费、夜间施工降效、夜间施工照明设备摊销及照明用电等费用。

3.3.3 二次搬运费

是指因施工场地条件限制而发生的材料、构配件、半成品等一次运输不能到达堆放地点，必须进行二次或多次搬运所发生的费用。

3.3.4 冬雨期施工增加费

是指在冬期或雨期施工需增加的临时设施、防滑、排除雨雪、人工及施工机械效率降低等费用。

3.3.5 已完工程及设备保护费

是指竣工验收前，对已完工程及设备采取的必要保护措施所发生的费用。

3.3.6 工程定位复测费

是指工程施工过程中进行全部施工测量放线和复测工作的费用。

3.3.7 特殊地区施工增加费

是指工程在沙漠或其边缘地区、高海拔、高寒、原始森林等特殊地区施工增加的费用。

3.3.8 大型机械设备进出场及安拆费

是指机械整体或分体自停放场地运至施工现场或由一个施工地点运至另一个施工地点，所发生的机械进出场运输及转移费用及机械在施工现场进行安装、拆卸所需的人工费、材料费、机械费、试运转费和安装所需的辅助设施的费用。

3.3.9 脚手架工程费

是指施工需要的各种脚手架搭、拆、运输费用以及脚手架购置费的摊销（或租赁）

费用。

措施项目及其包含的内容详见各类专业工程的现行国家或行业计量规范。

3.4 其他项目费

3.4.1 暂列金额

是指建设单位在工程量清单中暂定并包括在工程合同价款中的一笔款项。用于施工合同签订时尚未确定或不可预见的所需材料、工程设备、服务的采购，施工中可能发生的工程变更、合同约定调整因素出现时的工程价款调整以及发生的索赔、现场签证确认等的费用。

3.4.2 计日工

是指在施工过程中，施工企业完成建设单位提出的施工图纸以外的零星项目或工作所需的费用。

3.4.3 总承包服务费

是指总承包人为配合、协调建设单位进行的专业工程发包，对建设单位自行采购的材料、工程设备等进行保管以及施工现场管理、竣工资料汇总整理等服务所需的费用。

3.5 规　　费

是指按国家法律、法规规定，由省级政府和省级有关行政部门规定必须缴纳或计取的费用。

3.5.1 社会保险费

(1) 养老保险费

是指企业按照规定标准为职工缴纳的基本养老保险费。

(2) 失业保险费

是指企业按照规定标准为职工缴纳的失业保险费。

(3) 医疗保险费

是指企业按照规定标准为职工缴纳的基本医疗保险费。

(4) 生育保险费

是指企业按照规定标准为职工缴纳的生育保险费。

(5) 工伤保险费

是指企业按照规定标准为职工缴纳的工伤保险费。

3.5.2 住房公积金

是指企业按规定标准为职工缴纳的住房公积金。

3.5.3 工程排污费

是指按规定缴纳的施工现场工程排污费。

其他应列而未列入的规费，按实际发生计取。

3.6 增 值 税

3.6.1 增值税的含义

是指国家《税法》规定应计入建筑安装工程造价的税种。

增值税是对纳税人生产经营活动的增值额征收的一种税，是流转税的一种。增值额是纳税人生产经营活动实现的销售额与其从其他纳税人购入货物、劳务、服务之间的差额。

3.6.2 增值税计算方法

《住房城乡建设部办公厅关于做好建筑业营改增建设工程计价依据调整准备工作的通知》建办标［2016］4 号文要求，工程造价计算方法如下：

工程造价=税前工程造价×(1+9%)

其中，9%为建筑业拟征增值税税率，税前工程造价为人工费、材料费、施工机具使用费、企业管理费、利润和规费之和，各费用项目均以不包含增值税可抵扣进项税额的价格计算，相应计价依据按上述方法调整。

3.6.3 装配式建筑工程造价计算程序

装配式建筑工程造价计算程序见表 3-3。

装配式建筑工程造价计算程序　　表 3-3

<table>
<tr><th>序号</th><th colspan="3">费用项目</th><th>计算基础</th><th>计　算　式</th></tr>
<tr><td rowspan="7">1</td><td rowspan="7">分部分项工程费</td><td colspan="2">人工费</td><td rowspan="5">直接费</td><td rowspan="5">定额直接费＝Σ(分部分项工程量×定额基价)
工料价差调整＝定额人工费×调整系数＋Σ(材料用量×材料价差)</td></tr>
<tr><td colspan="2">人工价差调整</td></tr>
<tr><td colspan="2">材料费</td></tr>
<tr><td colspan="2">材料价差调整</td></tr>
<tr><td colspan="2">机械(具)费</td></tr>
<tr><td colspan="2">企业管理费
包含:城市维护建设税
教育费附加
地方教育附加</td><td>定额人工费</td><td>定额人工费×管理费率</td></tr>
<tr><td colspan="2">利 润</td><td>定额人工费</td><td>定额人工费×利润率</td></tr>
<tr><td rowspan="11">2</td><td rowspan="11">措施项目费</td><td rowspan="7">单价措施项目</td><td>人工费</td><td rowspan="5">单价措施项目直接费</td><td rowspan="5">定额直接费＝Σ(单价措施项目工程量×定额基价)
工料价差调整＝定额人工费×调整系数＋Σ(材料用量×材料价差)</td></tr>
<tr><td>人工价差调整</td></tr>
<tr><td>材料费</td></tr>
<tr><td>材料价差调整</td></tr>
<tr><td>机械(具)费</td></tr>
<tr><td>企业管理费</td><td>单价措施项目定额人工费</td><td>单价措施项目定额人工费×间接费率</td></tr>
<tr><td>利润</td><td>单价措施项目定额人工费</td><td>单价措施项目定额人工费×利润率</td></tr>
<tr><td rowspan="4">总价措施</td><td>安全文明施工费</td><td rowspan="4">分部分项工程定额人工费＋单价措施项目定额人工费</td><td rowspan="4">(分部分项工程定额人工费＋单价措施项目定额人工费)×措施费率</td></tr>
<tr><td>夜间施工增加费</td></tr>
<tr><td>二次搬运费</td></tr>
<tr><td>冬雨季施工增加费</td></tr>
<tr><td rowspan="4">3</td><td rowspan="4">其他项目费</td><td colspan="2">总承包服务费</td><td>分包工程造价</td><td>分包工程造价×费率</td></tr>
<tr><td colspan="2">暂列金额</td><td colspan="2" rowspan="3">根据招标工程量清单列出的项目计算</td></tr>
<tr><td colspan="2">暂估价</td></tr>
<tr><td colspan="2">计日工</td></tr>
<tr><td rowspan="3">4</td><td rowspan="3">规费</td><td colspan="2">社会保险费</td><td rowspan="3">分部分项工程定额人工费＋单价措施项目定额人工费</td><td rowspan="3">(分部分项工程定额人工费＋单价措施项目定额人工费)×费率</td></tr>
<tr><td colspan="2">住房公积金</td></tr>
<tr><td colspan="2">工程排污费</td></tr>
<tr><td>5</td><td></td><td colspan="2">税前造价</td><td>序 1＋序 2＋序 3＋序 4</td><td></td></tr>
<tr><td>6</td><td>税金</td><td colspan="2">增值税</td><td>税前造价</td><td>税前造价×9%</td></tr>
<tr><td colspan="6">工程造价＝序 1＋序 2＋序 3＋序 4＋序 6</td></tr>
</table>

4

装配式建筑工程造价计算简例

根据某地区住宅装配式建筑施工图、消耗量定额、材料与部品市场价、各项费率，计算下列项目的装配式建筑工程造价。

1. 计算依据

（1）分项工程项目与部品项目

1）现浇 C20 混凝土满堂基础（无梁），206m³；

2）成品 PC 楼板（含住宅、运输、安装），189m³；

3）PC 楼板后浇带，59m³；

4）洗漱台部品，10 组；

5）淋浴间部品，10 组。

（2）消耗量定额摘录

1）满堂基础消耗量定额（表 4-1）

满堂基础消耗量定额 **表 4-1**

工作内容：浇筑、振捣、养护等。 计量单位：10m³

定额编号				5-7	5-8	5-9	5-10
项目				满堂基础		设备基础	二次灌浆
				有梁式	无梁式		
名称			单位	消耗量			
人工	合计工日		工日	3.107	2.537	2.611	19.352
	其中	普工	工日	0.932	0.761	0.783	5.806
		一般技工	工日	1.864	1.522	1.567	11.611
		高级技工	工日	0.311	0.254	0.261	1.935
材料	预拌细石混凝土 C20		m³	—	—	—	10.100
	预拌混凝土 C20		m³	10.100	10.100	10.100	—
	塑料薄膜		m²	25.295	25.095	14.761	—
	水		m³	1.339	1.520	0.900	5.930
	电		kW·h	2.310	2.310	2.310	—
机械	混凝土抹平机		台班	0.035	0.030	—	—

2）PC 楼板后浇带（表 4-2）

后浇混凝土浇捣 **表 4-2**

工作内容：浇筑、振捣、养护等。 计量单位：10m³

定额编号				1-29	1-30	1-31	1-32
项目				梁、柱接头	叠合梁、板	叠合剪力墙	连接墙、柱
名称			单位	消耗量			
人工	合计工日		工日	27.720	6.270	9.427	12.593
	其中	普工	工日	8.316	1.881	2.828	3.778
		一般技工	工日	16.632	3.762	5.656	7.556
		高级技工	工日	2.772	0.627	0.943	1.259
材料	泵送商品混凝土 C30		m³	10.150	10.150	10.150	10.150
	聚乙烯薄膜		m³	—	175.000	—	—
	水		m³	2.000	3.680	2.200	1.340
	电		kW·h	8.160	4.320	6.528	6.528

3）洗漱台部品定额（表 4-3）

洗漱台部品定额 **表 4-3**

工作内容：测量、成品定制、装配、五金件安装、表面清理。

定额编号				4-45	4-46	4-47
项目				成品橱柜		成品洗漱台柜
				台面板		
				人造石	不锈钢	
				10m		组
名称			单位	消耗量		
人工	合计工日		工日	1.348	1.213	0.595
	其中	普工	工日	0.270	0.243	0.236
		一般技工	工日	0.472	0.425	0.303
		高级技工	工日	0.606	0.545	0.056
材料	成品人造石台面板 宽 550 厚 12		m	10.500	—	—
	成品不锈钢台面板 宽 550 厚 12		m	—	10.500	—
	成品洗漱台柜 1.5m×0.5m×0.9m		组	—	—	1.000
	密封胶 350mL		支	3.390	3.390	1.000
	其他材料费		%	1.000	1.000	1.000

（3）人工、材料、PC 构件与部品市场价

1）人工市场价

普工：120 元/工日

一般技工：160 元/工日

高级技工：200 元/工日

2）材料市场价

C20 预拌混凝土：320 元/m^3

塑料薄膜：0.10 元/m^2

水：2.00 元/m^3

电：0.80 元/kW・h

3）机械台班市场价

混凝土抹平机：50 元/台班

4）PC 构件出厂价

成品 PC 楼板出厂价（含制作、运输、安装）：610 元/m^3

5）住宅部品市场价

洗漱台部品　　1500 元/组（产品运到安装地点）

淋浴间部品　　7600 元/组（含安装费）

（4）费用定额

某地区费用定额的费率规定见表 4-4～表 4-9。

各专业工程企业管理费和利润费率表 **表 4-4**

工程专业		计算基数	费率(%)
房屋建筑与装饰工程		分部分项工程、单项措施和专业暂估价的人工费	20.78～30.98
通用安装工程			32.33～36.20
市政工程	土建		28.29～32.93
	安装		32.33～36.20
城市轨道交通工程	土建		28.29～32.93
	安装		32.33～36.20
园林绿化工程	种植		42.94～50.68

房屋建筑工程安全防护、文明施工措施费率表 **表 4-5**

项 目 类 别			费率(%)	备注
工业建筑	厂房	单层	2.8～3.2	计算基础为分部分项工程费
		多层	3.2～3.6	
	仓库	单层	2.0～2.3	
		多层	3.0～3.4	
民用建筑	居住建筑	低层	3.0～3.4	
		多层	3.3～3.8	
		中高层及高层	3.0～3.4	
	公共建筑及综合性建筑		3.3～3.8	
独立设备安装工程			1.0～1.15	

各专业工程其他措施项目费费率表 **表 4-6**

工程专业		计算基数	费率(%)
房屋建筑与装饰工程		分部分项工程费	1.50～2.37
通用安装工程			1.50～2.37
市政工程	土建		1.50～3.75
	安装		
城市轨道交通工程	土建		1.40～2.80
	安装		
园林绿化工程	种植		1.49～2.37
	养护		—
仿古建筑工程(含小品)			1.49～2.37
房屋修缮工程			1.50～2.37
民防工程			1.50～2.37
市政管网工程(给水、燃气管道工程)			1.50～3.75

社会保险费费率表　　表 4-7

工 程 类 别		计算基础	计算费率		
			管理人员	生产工人	合计
房屋建筑与装饰工程		人工费	5.38%	33.04%	38.42%
通用安装工程				33.04%	38.42%
市政工程	土建			36.92%	42.30%
	安装			33.04%	38.42%
城市轨道交通工程	土建			36.92%	42.30%
	安装			33.04%	38.42%
园林绿化工程	种植			33.06%	38.44%
仿古建筑工程(含小品)				33.04%	38.42%
房屋修缮工程				33.04%	38.42%
民防工程				33.04%	38.42%
市政管网工程(给水、燃气管道工程)				33.69%	39.07%
市政养护	土建			36.50%	41.88%
	机电设备			35.04%	40.42%
绿地养护				36.50%	41.88%

某市住房公积金费率表　　表 4-8

工程类别		计算基数	费率
房屋建筑与装饰工程		人工费	1.96%
通用安装工程			1.59%
市政工程	土建		1.96%
	安装		1.59%
城市轨道交通工程	土建		1.96%
	安装		1.59%
园林绿化工程	种植		1.59%
仿古建筑工程(含小品)			1.81%
房屋修缮工程			1.32%
民防工程			1.96%
市政管网工程(给水、燃气管道工程)			1.68%
市政养护	土建		1.96%
	机电设备		1.59%
绿地养护			1.59%

营改增各行业所适用的增值税税率　　表 4-9

行业	增值税率(%)	营业税率(%)
建筑业	9	3
房地产业	9	5
金融业	6	5
生活服务业	6	一般为 5%，特定娱乐业适用 3%～20%税率

2. 综合单价确定

(1) 满堂基础综合单价确定（不含增值税）

根据人工、材料、机械台班市场价、“5-8定额”、房屋建筑与装饰工程工程量。

计算规范等确定满堂基础综合单价确定的有关数据计算过程如下：

1) 人工费单价计算

人工费单价＝“5-8定额”的∑（定额用工×对应的人工市场价）

＝普工0.761×120元/工日＋一般技工1.522×160元/工日＋高级技工0.254×200元/工日

＝91.32＋243.52＋50.80

＝385.64元/10m^3

＝38.56元/m^3

2) 材料费单价计算

材料费单价＝“5-8定额”的∑（定额材料用量×对应的材料市场价）

＝C20预拌混凝土10.1×320元/m^3＋塑料薄膜25.095×0.10元/m^2＋水1.520×2.00元/m^3＋2.31×电0.80元/kW·h

＝3232.00＋2.51＋3.04＋1.85

＝3239.40元/10m^3＝323.94元/m^3

3) 机械费单价计算

机械化单价＝“5-8定额”的∑（定额机械台班用量×对应的台班市场价）

＝0.030×50元/台班＝1.5元/10m^3＝0.15元/m^3

4) 管理费和利润计算

某地区工程造价行业主管部门规定，装配式建筑管理费和利润率44%，计算基础为人工费。

管理费和利润单价＝38.56×30%＝11.57元

5) 综合单价计算

将上述计算的人工费、材料费、机械费、管理费与利润单价填入综合单价分析表；然后将这些单价乘以工程量得出对应的合价；加总合价后除以工程量就得出了该现浇混凝土满堂基础叠合综合单价。计算过程见表4-10。

(2) PC楼板后浇带综合单价确定（不含进项税）

根据定额编号1-30板后浇带预算定额、工程量、市场价、规定的管理费和利润率计算出的综合单价为：320.25元/m^3，其中人工费为35.20元/m^3。

(3) 洗漱台部品安装综合单价确定（不含进项税）根据4-47产品洗漱台安装预算定额、工程量、市场价、规定的管理费和利润率计算出的综合单价为：1581.67元/组，其中人工费为98.20元/组。

3. 分部分项工程费计算（不含进项税）

不含增值税分部分项工程费计算见表4-11。

综合单价分析表 **表 4-10**

工程名称：某工程　　　　标段：　　　　第 1 页共 2 页

项目编码	010501004001	项目名称		满堂基础		计量单位		m³	工程量	206	
清单综合单价组成明细											
定额编号	定额项目名称	定额单位	数量	单价				合价			
				人工费	材料费	机械费	管理费和利润	人工费	材料费	机械费	管理费和利润
5-8	现浇混凝土满堂基础	m³	206	38.56	323.94	0.15	11.57	7943.36	66731.64	30.90	2383.42
人工单价 普工：120 元/工日 一般技工：160 元/工日高级技工：200 元/工日		小计						77089.32 元			
70.00 元/工日		综合单价						77089.32÷206=374.22 元/m³			

说明：管理费和利润=人工费×30%。

分部分项工程和单价措施项目清单与计价表 **表 4-11**

工程名称：某装配式工程　　　　标段：　　　　第 1 页共 1 页

序号	项目编码	项目名称	项目特征描述	计量单位	工程量	金额(元)		
						综合单价	合价	其中 人工费
		E. 混凝土工程						
1	010501004001	混凝土满堂基础	1. 混凝土种类：细石混凝土 2. 混凝土强度等级：C20	m³	206.00	374.22	77089.32	7943.36
2	010508001001	PC 楼板后浇带	1. 混凝土种类：商品混凝土 2. 混凝土强度等级：C30	m³	59.00	320.25	18894.75	2076.80
		分部小计					95984.07	10020.16
		Q. 其他装饰工程						
3	011505001001	洗漱台	1. 材料品种、规格、颜色：陶瓷、箱式、白色 2. 支架、配件品种、规格：不锈钢支架、不锈钢水嘴、*DN*15	组	10	1581.67	15816.70	982.00
		……						
		分部小计					15816.70	982.00
		合计					111800.77	11002.16

4. 措施项目费计算（不含进项税）

(1) 安全文明施工费计算

按表 4-5 规定计算：

安全文明施工费＝分部分项工程费×3%

＝111800.77×3%

＝3354.02 元

(2) 二次搬运、夜间施工等其他措施项目费计算

按表地区规定的 15%计算：

其他措施项目费＝分部分项工程费×1.5%

＝111800.77×1.5%

＝1677.01 元

措施项目费小计：5031.03 元

5. 其他项目费计算

本工程无其他项目费。

6. 规费计算

按表 4-7、表 4-8 规定计算：

(1) 社会保险费

社会保险费＝人工费×38.42%

＝11002.16×38.42%

＝4227.03 元

(2) 住房公积金

住房公积金＝人工费×1.96%

＝11002.16×1.96%

＝215.64 元

规费小计：4442.67 元

7. PC 构件与部品市场价计算（不含增值税）

(1) PC 楼板市场价计算（含出厂价、运输、安装）

产品数量×市场单价

＝189m^3×610 元/m^3

＝115290.00 元

(2) 淋浴间部品市场价计算（含安装费）

产品数量×市场单价

＝10 组×7600 元/组

＝76000 元

PC 构件与部品市场价小计：191290 元

8. 增值税计算

增值税＝税前造价×10%

税前造价＝分部分项工程费＋措施项目费＋其他项目费＋规费＋PC及部品市场价

　　　＝111800.77＋5031.03＋0＋4442.67＋191290

　　　＝312564.47×9%

　　　＝28130.80元

9. 装配式建筑工程造价合计

工程造价＝税前造价＋增值税

　　　＝312564.47＋31256.45

　　　＝343820.92元

10. 装配式建筑工程造价计算表计算

采用装配式建设工程造价计算表和根据上述分部分项工程费、费率表、PC构件与部品市场价合计，计算工程造价。计算过程见表4-12。

装配式建筑工程造价计算表 表4-12

序号	费用项目			计算基础	费率	计算式	金额(元)
1	分部分项工程费					见分部分项工程费计算表	111800.77
2	措施项目费	单价措施项目		分部分项工程费：111800.77		无	5031.03
		总价措施	安全文明施工费		3%	111800.77×3%=3354.02	
			夜间施工增加费				
			二次搬运费		1.5%	111800.77×1.5%=1677.01	
			冬雨季施工增加费				
3	其他项目费	总承包服务费		分包工程造价			无
		暂列金额					
		暂估价					
		计日工					
4	规费	社会保险费		人工费：11002.16	38.42%	11002.16×38.42%=4227.03	4442.67
		住房公积金			1.96%	11002.16×1.96%=215.64	
		工程排污费				无	
5	市场价	PC楼板市场价		189m³×610元/m³=115290.00			191290.00
		淋浴间部品市场价		10组×7600元/组=76000.00			
6		税前造价		序1+序2+序3+序4+序5		111800.77+5031.03+0+4442.67+191290.00	312564.47
7	税金	增值税		税前造价		312564.47×9%	28130.80
工程造价=序1+序2+序3+序4+序5+序7							340695.27

5 装配式建筑计价定额应用

5.1 装配式建筑计价定额概述

5.1.1 广义计价定额概念

广义的计价定额是在建设项目决策阶段、设计阶段、承发包阶段、施工阶段和竣工验收阶段，确定建设工程估算造价、概算造价、预算造价、招标控制价、投标报价、承包合同价、工程变更价、工程索赔价、工程结算价以及施工成本控制价等不同时期的工程造价计算依据的总称，主要包括投资估算指标、概算指标、概算定额、预算定额、消耗量定额、单位估价表、费用定额和工期定额。

5.1.2 狭义计价定额概念

狭义的计价定额主要包括概算定额、预算定额、消耗量定额、单位估价表（本教材所提到的都是指侠义的计价定额）。

计价定额（消耗量定额、预算定额、单位估价表）是规定在单位建筑产品上人工消耗量、材料消耗量、机械台班消耗量及其货币量的数量标准。

5.2 计价定额的类型

5.2.1 消耗量定额

定额中只有定额编号、项目名称、单位、人工消耗量、材料消耗量、机械台班消耗量数据，没有对应消耗量的人、材、机货币量数据，称为消耗量定额。

消耗量定额有多种不同表现形式。

（1）细分工人技术等级类型的消耗量定额

例如，《全国装配式建筑消耗量定额》见表 5-1（预制柱安装）。

（2）细分工人工种类型的消耗量定额

例如，某地区装配式房屋建筑工程预算消耗量定额见表 5-2（后浇段）。

（3）按综合用工表达人工类型的消耗量定额

例如，某地区装配式房屋建筑工程预算消耗量定额见表 5-3（叠合板安装）。

装配式建筑消耗量定额摘录 **表 5-1**

1. 柱

工作内容：支撑杆连接件预埋、结合面清理，构件吊装、就位、校正、垫实、固定、座浆料铺筑，搭设及拆除钢支撑。 计量单位：10m³

定额编号				1-1
项目				实心柱
名称			单位	消耗量
人工	合计工日		工日	9.340
	其中	普工	工日	2.802
		一般技工	工日	5.604
		高级技工	工日	0.934
材料	预制混凝土柱		m³	10.050
	干混砌筑砂浆 DM M20		m³	0.080
	垫铁		kg	7.480
	垫木		m³	0.010
	斜支撑杆件 ϕ48×3.5		套	0.340
	预埋铁件		kg	13.050
	其他材料费			0.600
机械	干混砂浆罐式搅拌机		台班	0.008

装配式建筑消耗量定额摘录 **表 5-2**

5 楼地屋面工程

工作内容：1、2、3、4、现浇钢筋混凝土板浇捣、养护。

定额编号			5062	5063	5064	5065
项目		单位	装配式建筑后浇钢筋混凝土			
			平板		圆弧形板	
			板厚 10cm	每增减 1cm	板厚 10cm	每增减 1cm
			m²	m²	m²	m²
人工	混凝土工	工日	0.0227	0.0023	0.0227	0.0023
	钢筋工	工日	0.0802	0.0082	0.0658	0.0067
	其他工	工日	0.0266	0.0027	0.0253	0.0025
	人工工日	工日	0.1295	0.0132	0.1138	0.0115
材料	泵送预拌混凝土	m³	0.0964	0.0096	0.0964	0.0096
	铁丝 18#～22#	kg	0.0599	0.0062	0.0655	0.0067
	水	m³	0.1663	0.0167	0.1663	0.0167
	草袋	m²	0.1853	0.0185	0.1853	0.0185
	成型钢筋	t	0.0108	0.0011	0.0118	0.0012
	其他材料费	%	0.0258	0.0488	0.0279	0.0391
机械	混凝土输送泵车 75m³/h	台班	0.0010	0.0001	0.0010	0.0001
	混凝土振捣器 插入式	台班	0.0095	0.0010	0.0095	0.0010

装配式建筑消耗量定额摘录 **表 5-3**

第一节 预制混凝土构件

工作内容：构件卸车，吊装、就位，结合面清理，校正、垫实、固定、接头钢筋调直、焊接，搭设及拆除钢支撑。

计量单位：m^3

定额编号				1-1
项目				预制叠合楼板
名称			单位	消耗量
人工	870001	综合工日	工日	1.252
材料	390199	装配式预制混凝土叠合楼板	m^3	1.0050
	030001	板方材	m^3	0.0091
	010138	垫铁	kg	0.3140
	091672	低合金钢焊条 E43 系列	kg	0.6100
	830086	立支撑杆件 ϕ48×3.5	套	0.2730
	830007	零星卡具	kg	3.7310
	830087	钢支撑及配件	kg	3.9850
	100321	柴油	kg	1.3231
	841001	其他材料费	%	0.6000
机械	800150	汽车起重机 12t	台班	0.0439
	800033	交流电焊机 32kVA	台班	0.0581
	841002	其他机具费	%	4.0000

（4）装配式建筑消耗量定额的作用

是规定在一定计量单位分项工程或结构构件所需的人工、材料、机械台班消耗的数量标准。是编制施工图预算、招标标底、投标报价，确定装配式工程造价的基本依据。

（5）装配式建筑消耗量定额的构成

建筑工程消耗量定额主要包括人工消耗量指标、材料消耗量指标和机械台班消耗量指标。

1）人工消耗量指标

人工消耗量指标包括基本用工和其他用工。基本用工是指完成分项工程或子项工程的主要用工量。其他用工是辅助基本用工完成生产任务所耗用的人工。其他用工按工作内容的不同可分为辅助用工、超运距用工和人工幅度差 3 项。

2）材料消耗量指标

预算定额是计价性定额，其材料消耗量是指施工现场为完成合格产品所必需的“一切在内”的消耗，主要包括材料净用量和材料损耗量。材料净用量是指直接耗用于建筑安装工程上的构成工程实体的材料。材料损耗量包括不可避免产生的施工废料及不可避免的材料施工操作损耗等。

3）机械台班消耗量指标

机械台班消耗量是以台班为单位进行计算，每台班为 8h。

编制预算定额时，除了以统一的台班产量为基础进行计算，还应考虑在合理的施工组织设计条件下机械的停歇因素，增加一定的机械幅度差。

5.2.2 单位估价表类型计价定额

某地区装配式建筑预算定额见表 5-4（预制墙安装）。

装配式建筑单位估价表摘录 **表 5-4**

预制墙安装

工作内容：（1）按规定地点堆放、支垫稳固、构件保护、进场检验。

（2）构件翻身、铺设座浆料、就位、加固、安装、校正、垫实结点、斜支撑安拆。

单位：$10m^3$

定额编号				装配补-1-3	装配补-1-4
项目名称				预制 PC 外墙板	预制 PC 内墙板
基价(元)				1024.42	1256.82
其中	人工费(元)			731.12	794.96
	材料费(元)			292.90	461.33
	机械费(元)			0.40	0.53
名称		单位	单价(元)	数量	
人工	综合工日	工日	76.00	9.6200	10.4600
材料	预制 PC 外墙板	m^3	—	(10.0500)	—
	预制 PC 内模板	m^3	—	—	(10.0500)
	垫木	m^3	1600.00	0.0160	0.1300
	垫铁	kg	5.65	14.7400	14.7400
	水泥砂浆 1∶2	m^3	313.17	0.0600	0.0780
	紧固螺丝 M16	套	1.70	10.5000	13.6500
	膨胀螺栓 M16	套	3.64	21.0000	27.3000
	钢管	kg	6.48	0.1433	0.1433
	橡胶垫 各种规格综合	个	0.27	63.0000	81.9000
	橡胶止水条 50mm×20mm	m	2.00	26.5000	—
机械	灰浆搅拌机 200L	台班	125.19	0.0032	0.0042

5.2.3 综合单价类型计价定额

（1）某地区装配式建筑计价定额见表 5-5（预制柱安装）。

（2）某省装配式建筑全费用计价定额见表 5-6（预制柱安装）。

5.2.4 全费用类型计价定额

某市装配式建筑全费用计价定额见表 5-7（预制柱安装）。

5.2.5 计价定额类型小结

（1）消耗量式计价定额（表 5-8）

装配式建筑计价定额摘录 表 5-5

E.17 装配式建筑钢筋混凝土构件

E171 装配式预制混凝土构件安装

工件内容：构件辅助吊装、就位、校正、螺栓固定、预埋铁件、构件安装等全部操作过程。单位：m³

定额编号				AE0555	AE0556	AE0557	AE0558
项目				装配式预制混凝土			
				柱	梁	叠合梁（底梁）	阳台板
基价				2332.65	2312.10	2348.89	2672.59
其中	人工费(元)			81.90	78.16	83.86	94.47
	材料费(元)			2235.19	2225.83	2225.83	2543.90
	机械费(元)				19.55	19.55	13.67
	综合费(元)			15.56	18.56	19.65	20.55
名称		单位	单价(元)	数量			
材料	装配式钢筋混凝土预制柱	m³	2150.00	1.000	—	—	—
	装配式钢筋混凝土预制梁	m³	2200.00	—	1.000	—	—
	装配式钢筋混凝土预制叠合梁	m³	2200.00			1.000	
	装配式钢筋混凝土预制阳台	m²	2450.00	—	—	—	1.000
	无收缩水泥砂浆	m³	1100.00	0.051	—	—	—
	板枋材	m³	1300.00	0.008	0.001	0.001	0.002
	低合金钢焊条 E43 系列	kg	8.50	—	2.260	2.260	1.582
	预埋铁件	kg	5.00	0.002	—	—	—
	垫铁	kg	4.00	0.886	1.331	1.331	2.024
	镀锌六角螺栓带螺母 2 平垫 1 弹垫 M20×100 以内	套	3.00	5.046	—	—	23.250

装配式建筑计价定额摘录 表 5-6

一、装配式混凝土构件安装

1. 装配式柱

工作内容：支撑杆连接件预埋。结合面清理，构件吊装、就位、校正、垫实、固定、坐浆料铺筑。搭设及拆除钢支撑。 计量单位：10m²

定额编号				Z1-1
项目				装配式实心柱
全费用(元)				30648.63
其中	人工费(元)			1069.43
	材料费(元)			25585.29
	机械费(元)			1.50
	费用(元)			955.16
	增值税(元)			3037.25
名称		单位	单价(元)	数量
人工	普工	工日	92.00	5.137
	技工	工日	142.00	4.203
材料	装配式预制混凝土柱	m³	2516.34	10.050
	干混砌筑砂浆 DM M20	m³	290.69	0.136
	垫铁	kg	3.85	7.480
	垫木	m³	1856.33	0.010
	水	m³	3.39	0.020
	斜支撑杆件 ϕ18×3.5	套	17.97	0.340
	预埋铁件	kg	3.85	13.050
	其他材料费占材料费比	%	—	0.600
	电【机械】	kW·h	0.75	0.228
机械	干混砂浆罐式搅拌机 20000L	台班	187.32	0.008

装配式建筑计价定额摘录 **表 5-7**

2. 预制混凝土梁

工作内容：结合面清理，构件吊装、就位、支撑加固、校正、垫实固定，接头钢筋调直，搭设及拆除钢支撑。 单位：$10m^3$

子目编号				100001-3	100001-4	100001-5	2016 年 3 月工料机参考价格
子目名称				预制混凝土梁安装			
				单构件体积 $0.5m^3$ 以内	单构件体积 $2m^3$ 以内	单构件体积 $2m^3$ 以外	
2016 年 3 月全费用参考综合单价			元	4414.95	4085.17	3858.80	
全费用参考综合单价构成	2016 年 3 月参考综合单价		元	3965.58	3669.37	3466.03	
	其中	人工费	元	2875.69	2656.23	2520.35	
		材料费	元	211.83	201.36	187.16	
		机械费	元	225.50	208.71	187.22	
		管理费	元	463.72	428.34	406.25	
		利润	元	188.84	174.73	165.05	
	安全文明施工措施费		元	95.17	88.06	83.18	
	规费		元	207.91	192.38	181.72	
	税金		元	146.29	135.36	127.87	
	工料机名称		单位	人工费及材料、机械消耗量构成			
人工费	普工人工费		元	264.01	200.21	245.90	
	技工人工费		元	1699.84	1634.88	1495.86	
	高级技工人工费		元	911.84	821.14	778.59	
材料	预制混凝土梁		m^3	10.050	10.050	10.050	—
	支撑钢管及扣件		kg	33.560	31.160	28.024	4.80
	垫铁		kg	7.110	6.920	6.680	3.15
	松杂枋板材(周转材)		m^3	0.015	0.016	0.017	1750.00
	其他材料费		%	1.000	1.000	1.000	—
机械	汽车式起重机 提升质量 16t		台班	0.188	0.174	—	1199.46
	汽车式起重机 提升质量 25t		台班	—	—	0.131	1429.18

装配式预制构件吊装消耗量定额 **表 5-8**

工作内容：支撑杆连接件预埋，结合面清理，构件吊装、就位、校正、垫实、固定，坐浆料铺筑，搭设和拆除钢支架。 计量单位：$10m^3$

定额编号				2-5
项目				预制实心柱
名称			单位	消耗量
人工	合计工日		工日	9.34
	其中	普工	工日	2.802
		技工	工日	6.538
材料	预制混凝土柱		m^3	10.050
	干混砌筑砂浆 DM M20		m^3	0.080
	垫铁		kg	7.480
	垫木		m^3	0.010
	斜支撑杆件 $\phi48\times3.5$		套	0.340
	预埋铁件		kg	13.050
	其他材料费		元	0.600
机械	干混砂浆罐式搅拌机		台班	0.008

(2) 单位估价表式计价定额表（表5-9）

装配式预制构件吊装单位估价表 **表5-9**

工作内容：支撑杆连接件预埋，结合面清理，构件吊装、就位、校正、垫实、固定，坐浆料铺筑，搭设和拆除钢支架。

计量单位：$10m^3$

定额编号				2-5
项目				预制实心柱
基价(元)				1545.23
其中	人工费(元)			1401.00
	材料费(元)			142.71
	机械费(元)			1.52
名称		单位	单价	数量
人工	综合用工	工日	150.00	9.34
材料	预制混凝土柱	m^3	—	10.050
	干混砌筑砂浆　DM M20	m^3	350.15	0.080
	垫铁	kg	4.05	7.480
	垫木	m^3	1600.00	0.010
	斜支撑杆件 $\phi48\times3.5$	套	21.97	0.340
	预埋铁件	kg	4.05	13.050
	其他材料费	元	—	8.08
机械	干混砂浆罐式搅拌机	台班	190.32	0.008

(3) 综合单价式计价定额（表5-10）

装配式预制构件吊装综合单价定额 **表5-10**

工作内容：支撑杆连接件预埋，结合面清理，构件吊装、就位、校正、垫实、固定，坐浆料铺筑，搭设和拆除钢支架。

计量单位：$10m^3$

定额编号				2-5
项目				预制实心柱
基价(元)				1825.73
其中	人工费(元)			1401.00
	材料费(元)			142.71
	机械费(元)			1.52
	综合费(元)			280.50
名称		单位	单价	数量
人工	综合用工	工日	150.00	9.34
材料	预制混凝土柱	m^3	—	10.050
	干混砌筑砂浆　DM M20	m^3	350.15	0.080
	垫铁	kg	4.05	7.480
	垫木	m^3	1600.00	0.010
	斜支撑杆件 $\phi48\times3.5$	套	21.97	0.340
	预埋铁件	kg	4.05	13.050
	其他材料费	元	—	8.08
机械	干混砂浆罐式搅拌机	台班	190.32	0.008

（4）全费用式计价定额（表5-11）。

装配式预制构件吊装全费用定额　　表 5-11

工作内容：支撑杆连接件预埋，结合面清理，构件吊装、就位、校正、垫实、固定，坐浆料铺筑，搭设和拆除钢支架。

计量单位：$10m^3$

定额编号				2-5
项目				预制实心柱
全费用(元)				2170.11
其中	人工费(元)			1401.00
	材料费(元)			142.71
	机械费(元)			1.52
	综合费(元)			280.50
	安全文明施工措施费			46.23
	规费			100.87
	增值税			197.28
名称		单位	单价	数量
人工	综合用工	工日	150.00	9.34
材料	预制混凝土柱	m^3	—	10.050
	干混砌筑砂浆　DM M20	m^3	350.15	0.080
	垫铁	kg	4.05	7.480
	垫木	m^3	1600.00	0.010
	斜支撑杆件 ϕ48×3.5	套	21.97	0.340
	预埋铁件	kg	4.05	13.050
	其他材料费	元	—	8.08
机械	干混砂浆罐式搅拌机	台班	190.32	0.008

5.3　装配式建筑消耗量定额的直接套用

5.3.1　概述

当施工图的设计要求与消耗量定额的项目内容一致时，可直接套用定额的人工、材料、机械消耗量，并可以根据消耗量定额及参考价目表或当时当地人工、材料、机械的市场价格，计算该分项工程的直接工程费以及人工、材料、机械所需量。在套用时要注意以下几点：

(1) 根据施工图样，分项工程的实际做法与工作内容必须与定额项目规定的完全相符时才能直接套用，否则，必须根据有关规定进行换算或补充。

(2) 分项工程名称和计量单位要与消耗量定额一致。

5.3.2 举例

【例 5-1】 采用 C30 泵送商品混凝土浇筑 50m^3 PC 楼板后浇带，试根据相应消耗量定额计算完成该分项工程的人工、材料、机械台班消耗量及定额基价。人工、材料部分市场价：

(1) 人工市场价

普工：120 元/工日

一般技工：160 元/工日

高级技工：200 元/工日

(2) 材料市场价

C30 预拌混凝土：330 元/m^3

塑料薄膜：0.10 元/m^2

水：2.00 元/m^3

电：0.80 元/kWh

解：(1) 根据分项工程的工作内容和消耗量定额（表 5-12）的相应内容，确定套用下列消耗量定额编号为 1-30，其内容为：每 10m^3 PC 楼板后浇带消耗人工为普工 1.881 工日，一般技工 3.762 工日，高级技工 0.627 工日；消耗材料为预拌混凝土 C30 为 10.150m^3，塑料薄膜 175.000m^2，水 3.680m^3，电 4.320kWh。

(2) 计算该分项工程人材机消耗量

人工消耗量为：

普工　　1.881×(50/10)=9.405 工日

一般技工　　3.762×(50/10)=18.810 工日

高级技工　　0.627×(50/10)=3.135 工日

材料消耗量为：

预拌混凝土 C30　　10.150×(50/10)=50.750m^3

塑料薄膜　　175.000×(50/10)=875.000 m^2

水　　3.680×(50/10)=18.400m^3

电　　4.320×(50/10)=21.600kWh

(3) 计算该项目定额基价

人工费为：1.881×120+3.762×160+0.627×200=953.04 元

材料费为：10.15×330+175×0.1+3.68×2+4.32×0.8=3377.82 元

定额基价为：953.04+3377.82=4330.86 元/10m^3

装配式建筑计价定额摘录　　表 5-12

1. 后浇混凝土浇捣

工作内容：浇筑、振捣、养护等。　　计量单位：10m³

<table>
<tr><td colspan="3">定额编号</td><td>1-29</td><td>1-30</td><td>1-31</td><td>1-32</td></tr>
<tr><td colspan="3">项目</td><td>梁、柱接头</td><td>叠合梁、板</td><td>叠合剪力墙</td><td>连接墙、柱</td></tr>
<tr><td colspan="2">名称</td><td>单位</td><td colspan="4">消耗量</td></tr>
<tr><td rowspan="4">人工</td><td>合计工日</td><td>工日</td><td>27.720</td><td>6.270</td><td>9.427</td><td>12.593</td></tr>
<tr><td>其中 普工</td><td>工日</td><td>8.316</td><td>1.881</td><td>2.828</td><td>3.778</td></tr>
<tr><td>其中 一般技工</td><td>工日</td><td>16.632</td><td>3.762</td><td>5.656</td><td>7.556</td></tr>
<tr><td>其中 高级技工</td><td>工日</td><td>2.772</td><td>0.627</td><td>0.943</td><td>1.259</td></tr>
<tr><td rowspan="4">材料</td><td>泵送商品混凝土 C30</td><td>m³</td><td>10.150</td><td>10.150</td><td>10.150</td><td>10.150</td></tr>
<tr><td>聚乙烯薄膜</td><td>m²</td><td>—</td><td>175.000</td><td>—</td><td>—</td></tr>
<tr><td>水</td><td>m³</td><td>2.000</td><td>3.680</td><td>2.200</td><td>1.340</td></tr>
<tr><td>电</td><td>kW·h</td><td>8.160</td><td>4.320</td><td>6.528</td><td>6.528</td></tr>
</table>

5.4　装配式建筑消耗量定额换算

5.4.1　概述

当施工图设计要求与消耗量定额中的工程内容、材料规格、施工方法等条件不完全相符时，则不可以直接套用，应按照消耗量定额规定的换算方法对项目进行调整换算。装配式混凝土结构工程中常见的换算类型主要包括系数换算和混凝土换算。

5.4.2　砂浆换算

（1）换算规定

当装配式建筑施工图设计的砂浆配合比与装配式建筑预算定额的砂浆配合比不同时，可以按定额规定进行换算。

（2）砂浆换算公式

换算后定额基价＝原定额基价＋定额砂浆用量×(换入砂浆单价－换出砂浆单价)

（3）换算示例

某装配式住宅工程施工图设计要求，PC 柱坐浆采用干混砌筑砂浆 DM M20，需要对原预算定额（单位估价表）中的砂浆（DM M10）进行换算。

1）换算用定额

某地区装配式建筑单位估价表（计价定额）见表 5-13（预制柱安装）。

某地区装配式预制构件吊装单位估价表　　　　表 5-13

工作内容：支撑杆连接件预埋，结合面清理，构件吊装、就位、校正、垫实、固定，坐浆料铺筑，搭设和拆除钢支架。　　　　计量单位：$10m^3$

定额编号				2-5
项目				预制实心柱
基价(元)				986.24
其中	人工费(元)			840.60
	材料费(元)			144.12
	机械费(元)			1.52
名称		单位	单价	数量
人工	综合用工	工日	90.00	9.34
材料	预制混凝土柱	m^3	—	(10.050)
	干混砌筑砂浆　DM M10	m^3	256.30	0.080
	垫铁	kg	4.05	7.480
	垫木	m^3	1600.00	0.010
	斜支撑杆件 ϕ48×3.5	套	71.97	0.340
	预埋铁件	kg	4.05	13.050
	其他材料费	元		8.08
机械	干混砂浆罐式搅拌机	台班	190.32	0.008

2）换算用半成品配合比表

换算用半成品配合比表件表 5-14。

砌筑砂浆配合比表　　　　表 5-14

定额编号				F-110	F-111	F-112	F-113
项目		单位	单价(元)	干混水泥砂浆			
				DM M5	DM M10	DM M15	DM M20
基价		元		223.92	256.30	282.74	332.18
材料	42.5 级水泥	kg	0.50	270.00	341.00	397.00	499.00
	中砂	m^3	78.00	1.140	1.100	1.080	1.060

3）换算基价

换算定额号（附录号）：表 5-13 的 2-5 定额（表 5-14 的 F113 - F111 ）。

换算后定额基价＝原元定额基价＋定额砂浆用量×(换入砂浆单价－换出砂浆单价)

＝986.24＋0.08×(332.18－256.30)

＝986.24＋0.08×75.88

＝986.24＋6.07

＝992.31(元/$10m^3$)

5.4.3　混凝土换算

当设计要求采用的混凝土强度等级、粗骨料种类与消耗量定额相应子目有不符时，就应进行换算。换算时混凝土用量不变，人工费、机械费不变，只换算混凝土强度等级、粗骨料种类。换算公式为：

换算后基价=原定额基价+定额混凝土用量×(换入混凝土单价−换出混凝土单价)

半成品混凝土配合比表见表 5-15。某省消耗量定额价目汇总表主要材料取定单价见表 5-16。

普通塑性混凝土配合比表（摘录）　单位：m^3　表 5-15

定额编号		附-1	附-2	附-3	附-4	附-5
项目		C15	C20	C25	C30	C35
		碎石粒径＜40mm				
材料	单位	数量	数量	数量	数量	数量
32.5 级水泥	t	0.263	0.330	0.388	0.446	—
42.5 级水泥	t	—	—	—	—	0.396
中砂	m^3	0.584	0.500	0.450	0.410	0.444
＜40mm 碎石	m^3	0.787	0.814	0.820	0.816	0.820
水	m^3	0.190	0.190	0.190	0.190	0.190

某省消耗量定额主要材料取定单价（单位：元）　表 5-16

序号	材料名称及规格	单位	取定价
1	普通硅酸盐水泥 32.5 级	t	290
2	普通硅酸盐水泥 42.5 级	t	320
3	碎石	m^3	40
4	中(粗)砂	m^3	38
5	水	m^3	2

【例 5-2】 试求现浇 C30 混凝土无梁满堂基础（表 5-17）的基价。

(1) 人工市场价

普工：120 元/工日

一般技工：160 元/工日

高级技工：200 元/工日

(2) 材料市场价

塑料薄膜：0.10 元/m^2

水：2.00 元/m^3

电：0.80 元/kWh

(3) 机械台班市场价

混凝土抹平机：50 元/台班

解：(1) 根据表 5-16 及表 5-17，可知：

预拌 C20 混凝土基价为：

0.330×290+0.500×38+0.814×40+0.190×2=147.64 元/m^3

定额摘录 表 5-17

工作内容：浇筑、振捣、养护等。 计量单位：10m³

定额编号				5-7	5-8	5-9	5-10
项目				满堂基础		设备基础	二次灌浆
				有梁式	无梁式		
名称			单位	消耗量			
人工	合计工日		工日	3.107	2.537	2.611	19.352
	其中	普工	工日	0.932	0.761	0.783	5.806
		一般技工	工日	1.864	1.522	1.567	11.611
		高级技工	工日	0.311	0.254	0.261	1.935
材料	预拌细石混凝土 C20		m^3	—	—	—	10.100
	预拌混凝土 C20		m^3	10.100	10.100	10.100	—
	塑料薄膜		m^2	25.295	25.095	14.761	—
	水		m^3	1.339	1.520	0.900	5.930
	电		kW·h	2.310	2.310	2.310	—
机械	混凝土抹平机		台班	0.035	0.030	—	—

预拌 C30 混凝土基价为：

0.446×290+0.410×38+0.816×40+0.190×2=177.94 元/m³

（2）根据表 5-3 可知换算定额号为 5-8，计算该项目定额基价：

人工费：0.761×120+1.522×160+0.254×200=385.64 元

材料费：10.1×147.64+25.095×0.1+1.52×2+2.31×0.8=1498.56 元

机械费：0.03×50=1.5 元

定额基价=385.64+1498.56+1.5=1885.7 元/10 m³

（3）折算后定额基价=1885.7+10.1×(177.94−147.64)

=1885.7+306.03

=2191.73 元/10m³

（4）折算后材料用量（每 10m³）

32.5 级水泥：10.1×446=4504.6kg

中砂：10.1×0.410=4.14110m³

碎石：10.1×0.816=8.242m³

5.4.4 灌浆料换算

（1）换算依据

某《装配式建筑预算定额》说明的第 3 条规定：

“柱、墙板、女儿墙等构件安装定额中，构件底部坐浆按砌筑砂浆铺筑考虑，遇设计采用灌浆料的，除灌浆材料单价换算以及扣除干混砂浆罐式搅拌机台班外，每 10m³ 构件安装定额另行增加人工 0.7 工日，其余不变。”

（2）举例

某装配式住宅工程施工图设计要求，PC柱坐浆采用高强无收缩灌浆料，需要对原预算定额（单位估价表）中的砂浆进行换算、扣除砂浆搅拌机台班、增加0.7工日。

已知：高强无收缩灌浆料：2500元/m^3

普工单价：60元/工日

灌浆料换算后定额基价＝原定额基价＋定额砂浆用量×（换入砂浆单价－换出砂浆单价）－砂浆搅拌机台班费＋增加的人工费

＝986.24＋0.08×(2500.00－256.30)－1.52＋0.7×60.00

＝986.24＋0.08×2243.7－1.52＋42.00

＝986.24＋179.50－1.52＋42.00

＝1206.22(元/10m^3)

5.4.5 其他换算

（1）某装配式住宅工程施工图设计要求，外墙嵌缝断面按25mm×20mm施工，需要对原预算定额（单位估价表）中的密封胶进行换算。

（2）某《装配式建筑预算定额》说明的第11条规定：

“外墙嵌缝、打胶定额中注胶缝的断面按20mm×15mm编制，若设计断面与定额不同时，密封胶用量按比例调整，其余不变。定额中的密封胶按硅酮耐候胶考虑，遇设计采用的种类与定额不同时，材料单价进行换算。”

（3）换算公式

换算后定额基价＝原定额基价＋密封胶单价×(换入密封胶用量－定额密封胶用量)

其中：换入密封胶用量＝定额密封胶用量×密封胶系数

密封胶系数＝设计密封胶断面÷定额密封胶断面

（4）举例

1）某地区装配式建筑单位估价表（表5-18）。

某地区装配式建筑单位估价表摘录 表5-18

定额编号				1-22
项目				嵌缝、打胶(每10m)
基价(元)				534.38
其中	人工费(元) 材料费(元) 机械费(元)			103.70 430.68 —
名称		单位	单价	
人工	综合用工	工日	85.00	1.22
材料	泡沫条	m	1.50	10.20
	双面胶带	m	7.80	20.40
	硅酮密封胶	L	80.00	3.15
	其他材料费	元	—	4.26

2）密封胶系数

密封胶系数＝设计密封胶断面÷定额密封胶断面

＝(25mm×20mm)÷(20mm×15mm)＝1.67

换入密封胶用量＝定额密封胶用量×密封胶系数

＝3.15×1.67＝5.26L

3）定额基价换算

换算后定额基价＝原定额基价＋密封胶单价×(换入密封胶用量－定额密封胶用量)

＝534.38＋80.00×(5.26－3.15)

＝534.38＋80.00×2.11

＝534.38＋168.80

＝703.18(元/10m)

6

工程单价编制

工程单价亦称工程基价或定额基价，包含其中的人工单价、材料单价、机械台班单价。

6.1 人工单价编制

6.1.1 人工单价的概念

人工单价是指工人一个工作日应该得到的劳动报酬。一个工作日一般指工作 8 小时。

6.1.2 人工单价的内容

人工单价一般包括基本工资、工资性津贴、养老保险费、失业保险费、医疗保险费、住房公积金等。

基本工资是指完成基本工作内容所得的劳动报酬。

工资性津贴是指流动施工津贴、交通补贴、物价补贴、煤（燃）气补贴等。

养老保险费、失业保险费、医疗保险费、住房公积金分别指工人在工作期间交养老保险、失业保险、医疗保险、住房公积金所发生的费用。

6.2 人工单价的编制

人工单价的编制方法主要有三种。

6.2.1 根据劳务市场行情确定人工单价

目前，根据劳务市场行情确定人工单价已经成为计算工程劳务费的主流，采用这种方法确定人工单价应注意以下几个方面的问题：

1）要尽可能掌握劳动力市场价格中长期历史资料，这使以后采用数学模型预测人工单价将成为可能。

2）在确定人工单价时要考虑用工的季节性变化。当大量聘用农民工时，要考虑农忙季节时人工单价的变化。

3）在确定人工单价时要采用加权平均的方法综合各劳务市场或各劳务队伍的劳动力单价。

4）要分析拟建工程的工期对人工单价的影响。如果工期紧，那么人工单价按正常情况确定后要乘以大于 1 的系数。如果工期有拖长的可能，也要考虑工期延长带来的风险。

根据劳务市场行情确定人工单价的数学模型描述如下：

$$人工单价 = \sum_{i=1}^{n}(某劳务市场人工单价 \times 权重)_i \times 季节变化系数 \times 工期风险系数$$

【例 6-1】 据市场调查取得的资料分析，抹灰工在劳务市场的价格分别是：甲劳务市场 35 元/工日，乙劳务市场 38 元/工日，丙劳务市场 34 元/工日。调查表明，各劳务市场可提供抹灰工的比例分别为：甲劳务市场 40%，乙劳务市场 26%，丙劳务市场 34%，当季节变化系数、工期风险系数均为 1 时，试计算抹灰工的人工单价。

解：

抹灰工的人工单价=[(35.00×40%+38.00×26%+34.00×34%)×1×1]元/工日

=[(14+9.88+11.56)×1×1]元/工日

=35.44 元/工日(取定为 35.50 元/工日)

6.2.2 根据以往承包工程的情况确定

如果在本地以往承包过同类工程，可以根据以往承包工程的情况确定人工单价。

例如，以往在某地区承包过三个与拟建工程基本相同的工程，砖工每个工日支付了 60.00～75.00 元，这时就可以进行具体对比分析，在上述范围内（或超过一点范围）确定投标报价的砖工人工单价。

6.2.3 根据预算定额规定的工日单价确定

凡是分部分项工程项目含有基价的预算定额，都明确规定了人工单价，可以以此为依据确定拟投标工程的人工单价。

例如，某省预算定额，土建工程的技术工人每个工日 35.00 元，可以根据市场行情在此基础上乘以 1.2～1.6 的系数，确定拟投标工程的人工单价。

6.3 材料单价编制

6.3.1 材料单价的概念

材料单价是指材料从采购起运到工地仓库或堆放场地后的出库价格。一般包括原价、运杂费、采购及保管费。

6.3.2 材料单价的费用构成

由于其采购和供货方式不同，构成材料单价的费用也不相同。一般有以下几种：

（1）材料供货到工地现场

当材料供应商将材料供货到施工现场或施工现场的仓库时，材料单价由材料原价、采购保管费构成。

（2）在供货地点采购材料

当需要派人到供货地点采购材料时，材料单价由材料原价、运杂费、采购保管费构成。

（3）需二次加工的材料

当某些材料采购回来后，还需要进一步加工的，材料单价除了上述费用外，还包括二次加工费。

6.3.3 材料原价的确定

材料原价是指付给材料供应商的材料单价。当某种材料有二个或二个以上的材料供应商供货且材料原价不同时，要计算加权平均材料原价。

加权平均材料原价的计算公式为：

$$\text{加权平均材料原价} = \frac{\sum_{i=1}^{n}(\text{材料原价} \times \text{材料数量})_i}{\sum_{i=1}^{n}(\text{材料数量})_i}$$

式中　i——不同的材料供应商；包装费及手续费均已包含在材料原价中。

【例 6-2】 某工地所需的三星牌墙面面砖由三个材料供应商供货，其数量和原价见表 6-1，试计算墙面砖的加权平均原价。

各供应商价格　　**表 6-1**

供应商	面砖数量(m^2)	供货单价(元/m^2)
甲	1500	68.00
乙	800	64.00
丙	730	71.00

解：

$$\text{墙面砖加权平均原价} = \frac{68 \times 1500 + 64 \times 800 + 71 \times 730}{1500 + 800 + 730}\text{元}/\text{m}^2$$

$$= \frac{205030}{3030}\text{元}/\text{m}^2 = 67.67\ \text{元}/\text{m}^2$$

6.3.4 材料运杂费计算

材料运杂费是指在材料采购后运至工地现场或仓库所发生的各项费用，包括装卸费、运输费和合理的运输损耗费等。

材料装卸费按行业市场价支付。

材料运输费按行业运输价格计算，若供货来源地点不同且供货数量不同时，需要计算加权平均运输费，其计算公式为：

$$加权平均运输费 = \frac{\sum_{i=1}^{n}(运输单价 \times 材料数量)_i}{\sum_{i=1}^{n}(材料数量)_i}$$

材料运输损耗费是指在运输和装卸材料过程中，不可避免产生的损耗所发生的费用，一般按下列公式计算：

材料运输损耗费=(材料原价+装卸费+运输费)×运输损耗率

【例 6-3】 上例中墙面砖由三个地点供货，根据表 6-2 计算墙面砖运杂费。

各供应商运杂费 **表 6-2**

供货地点	面砖数量(m^2)	运输单价(元/m^2)	装卸费(元/m^2)	运输损耗率(%)
甲	1500	1.10	0.50	1
乙	800	1.60	0.55	1
丙	730	1.40	0.65	1

解：

1）计算加权平均装卸费

$$墙面砖加权平均装卸费 = \frac{0.50 \times 1500 + 0.55 \times 800 + 0.65 \times 730}{1500 + 800 + 730} 元/m^2$$

$$= \frac{1664.5}{3030} 元/m^2 = 0.55 元/m^2$$

2）计算加权平均运输费

$$墙面砖加权平均运输费 = \frac{1.10 \times 1500 + 1.60 \times 800 + 1.40 \times 730}{1500 + 800 + 730} 元/m^2$$

$$= \frac{3952}{3030} 元/m^2 = 1.30 元/m^2$$

3）计算运输损耗费

墙面砖运输损耗费=(材料原价+装卸费+运输费)×运输损耗率

$= [(67.67 + 0.55 + 1.30) \times 1\%] 元/m^2$

$= 0.70 元/m^2$

4）运杂费小计

墙面砖运杂费=装卸费+运输费+运输损耗费

$= 0.55 + 1.30 + 0.70 元/m^2 = 2.55 元/m^2$

6.3.5 材料采购保管费计算

材料采购保管费是指施工企业在组织采购材料和保管材料过程中发生的各项费用。

包括采购人员的工资、差旅交通费、通信费、业务费、仓库保管费等各项费用。

采购保管费一般按前面计算的与材料有关的各项费用之和乘以一定的费率计算。费率通常取1%～3%。计算公式为：

材料采购保管费＝(材料原价＋运杂费) ×采购保管费率

【例 6-4】 上述墙面砖的采购保管费率为2%，根据前面墙面砖的计算结果，计算其采购保管费。

解：

$$\text{墙面砖采购保管费}=[(67.67+2.55)\times 2\%]=(70.22\times 2\%)\text{元}/m^2=1.40\text{ 元}/m^2$$

6.3.6 材料单价确定

通过上述分析，我们知道，材料单价的计算公式为：

材料单价＝加权平均材料原价＋加权平均材料运杂费＋采购保管费

或：

$$\text{材料单价}=\left(\text{加权平均材料原价}+\text{加权平均材料运杂费}\right)\times(1+\text{采购保管费率})$$

【例 6-5】 根据以上计算出的结果，汇总成材料单价。

解：

$$\text{墙面砖材料单价}=(67.67+2.55+1.40)\text{元}/m^2=71.62\text{ 元}/m^2$$

6.4 机械台班单价编制

6.4.1 机械台班单价的概念

机械台班单价是指在单位工作班中为使机械正常运转所分摊和支出的各项费用。

6.4.2 机械台班单价的费用构成

按有关规定机械台班单价由七项费用构成。这些费用按其性质划分为第一类费用和第二类费用。

(1) 第一类费用

第一类费用亦称不变费用，是指属于分摊性质的费用。包括折旧费、大修理费、经常修理费、安拆及场外运输费等。

(2) 第二类费用

第二类费用亦称可变费用，是指属于支出性质的费用。包括燃料动力费、人工费、养路费及车船使用税等。

6.4.3 第一类费用计算

从简化计算的角度出发，我们提出以下计算方法：

（1）折旧费

$$台班折旧费=\frac{购置机械全部费用\times(1-残值率)}{耐用总台班}$$

其中，购置机械全部费用是指机械从购买地运到施工单位所在地发生的全部费用。包括：原价、购置税、保险费及牌照费、运费等。

耐用总台班计算方法为：

耐用总台班=预计使用年限×年工作台班

机械设备的预计使用年限和年工作台班可参照有关部门指导性意见，也可根据实际情况自主确定。

【例 6-6】 5t 载货汽车的成交价为 75000 元，购置附加税税率 10%，运杂费 2000 元，耐用总台班 2000 个，残值率为 3%，试计算台班折旧费。

解：

$$\text{5t 载货汽车台班折旧费}=\frac{[75000\times(1+10\%)+2000]\times(1-3\%)}{2000}$$

$$=\frac{81965}{2000}元/台班=40.98\ 元/台班$$

（2）大修理费

大修理费是指机械设备按规定到了大修理间隔台班需进行大修理，以恢复正常使用功能所需支出的费用。计算公式为：

$$台班大修理费=\frac{一次大修理费\times(大修理周期-1)}{耐用总台班}$$

【例 6-7】 5t 载货汽车一次大修理费为 8700 元，大修理周期为 4 个，耐用总台班为 1000 个，试计算台班大修理费。

解：

$$\text{5t 载货汽车台班大修理费}=\frac{8700\times(4-1)}{2000}元/台班$$

$$=\frac{26100}{2000}元/台班=13.05\ 元/台班$$

（3）经常修理费

经常修理费是指机械设备除大修理外的各级保养及临时故障所需支出的费用。包括为保障机械正常运转所需替换设备，随机配置的工具、附具的摊销及维护费用，机械正常运转及日常保养所需润滑、擦拭材料费用和机械停置期间的维护保养费用等。

台班经常修理费可以用下列简化公式计算：

台班经常修理费=台班大修理费×经常修理费系数

【例 6-8】 经测算 5t 载货汽车的台班经常修理费系数为 5.41，按计算出的 5t 载货汽车大修理费和计算公式，计算台班经常修理费。

解：

$$\begin{matrix}\text{5t 载货汽车}\\\text{台班经常修理费}\end{matrix}=(13.05\times5.41)\text{元/台班}=70.60\text{元/台班}$$

（4）安拆费及场外运输费

安拆费是指机械在施工现场进行安装、拆卸所需人工、材料、机械费和试运转费以及机械辅助设施（如行走轨道、枕木等）的折旧、搭设、拆除费用。

场外运输费是指机械整体或分体自停置地点运至施工现场或由一工地运至另一工地的运输、装卸、辅助材料以及架线费用。

该项费用在实际工作中可以采用两种方法计算。一种是当发生时在工程报价中已经计算了这些费用，那么编制机械台班单价就不再计算。另一种是根据往年发生费用的年平均数除以年工作台班计算。计算公式为：

$$\begin{matrix}\text{台班安拆及}\\\text{场外运输费}\end{matrix}=\frac{\text{历年统计安拆费及场外运输费的年平均数}}{\text{年工作台班}}$$

【例 6-9】 6t 内塔式起重机（行走式）的历年统计安拆及场外运输费的年平均数为 9870 元，年工作台班 280 个。试求台班安拆及场外运输费。

解：

$$\begin{matrix}\text{台班安拆及}\\\text{场外运输费}\end{matrix}=\frac{9870}{280}\text{元/台班}=35.25\text{元/台班}$$

6.4.4 第二类费用计算

（1）燃料动力费

燃料动力费是指机械设备在运转中所耗用的各种燃料、电力、风力等的费用。计算公式为：

台班燃料动力费＝每台班耗用的燃料或动力数量×燃料或动力单价

【例 6-10】 5t 载货汽车每台班耗用汽油 31.66kg，汽油单价 3.15 元/kg，求台班燃料费。

解：台班燃料费＝(31.66×3.15) 元/台班＝99.72 元/台班

（2）人工费人工费是指机上司机、司炉和其他操作人员的工日工资。计算公式为：

台班人工费＝机上操作人员人工工日数×人工单价

【例 6-11】 5t 载货汽车每个台班的机上操作人员工日数为 1 个工日，人工单价 35 元，求台班人工费。

解：台班人工费＝(35.00×1) 元/台班＝35.00 元/台班

（3）养路费及车船使用税指按国家规定应缴纳的机动车养路费、车船使用税、保险费及年检费。计算公式为：

$$\text{台班养路费及车船使用税}=\frac{\text{核定吨位}\times\{\text{养路费}[\text{元}/(\text{t}\cdot\text{月})]\times 12+\text{车船使用税}[\text{元}/(\text{t}\cdot\text{年})]\}}{\text{年工作台班}}+\text{保险费及年检费}$$

其中：

$$\text{保险费及年检费}=\frac{\text{年保险费及年检费}}{\text{年工作台班}}$$

【例 6-12】 5t 载货汽车每月每吨应缴纳养路费 80 元，每年应缴纳车船使用税 40 元/t，年工作台班 250 个，5t 载货汽车年缴保险费、年检费共计 2000 元，试计算台班养路费及车船使用税。

解：

$$\text{台班养路费及车船使用税}=\left[\frac{5\times(80\times 12+40)}{250}+\frac{2000}{250}\right]\text{元/台班}$$

$$=\left(\frac{5000}{250}+\frac{2000}{250}\right)\text{元/台班}=(20.00+8.00)\text{元/台班}$$

$$=28.00\text{元/台班}$$

6.4.5 机械台班单价计算实例

将上述计算 5t 载货汽车台班单价的计算过程汇总成台班单价计算表，见表 6-3。

机械台班单价计算表 **表 6-3**

项目		5t 载货汽车		
		单位	金额	计算式
台班单价		元	287.35	124.63+162.72=287.35
第一类费用	折旧费	元	40.98	$\frac{[7500\times(1+10\%)+2000]\times(1-3\%)}{2000}=40.98$
	大修理费	元	13.05	$\frac{8700\times(4-1)}{2000}=13.05$
	经常修理费	元	70.60	13.05×5.41=70.60
	安拆及场外运输费	元	—	—
小计		元	124.63	
第二类费用	燃料动力费	元	99.72	31.66×3.15=99.72
	人工费	元	35.00	35.00×1=35.00
	养路费及车船使用税	元	28.00	$\frac{5\times(80\times 12+40)}{250}+\frac{2000}{250}=28.00$
小计		元	162.72	

7

综合单价编制

7.1 综合单价的概念

7.1.1 综合单价定义

根据《建设工程工程量清单计价规范》GB 50500—2013 规定，综合单价是指完成一个规定清单项目所需的人工费、材料和工程设备费、施工机具使用费和企业管理费、利润以及一定范围内的风险费用。综合单价分析表见表 7-1。

人工费、材料和工程设备费、施工机具使用费是根据相关的计价定额、市场价格、工程造价管理机构发布的造价信息来确定的。企业管理费、利润是根据项目所在地造价管理部分发布的文件规定计算的；一定范围内的风险费用是指隐含于已标价工程量清单综合单价中，用于化解发承包双方在工程合同中约定内容和范围内的市场价格波动风险的费用；利润是指承包人完成合同工程获得的盈利。

综合单价分析表 表 7-1

工程名称： 标段： 第 页共 页

<table>
<tr><td colspan="2">项目编码</td><td colspan="3"></td><td colspan="2">项目名称</td><td colspan="3"></td><td>计量单位</td><td></td></tr>
<tr><td colspan="12">清单综合单价组成明细</td></tr>
<tr><td rowspan="2">定额编号</td><td rowspan="2">定额项目名称</td><td rowspan="2">定额单位</td><td rowspan="2">数量</td><td colspan="4">单价</td><td colspan="4">合价</td></tr>
<tr><td>人工费</td><td>材料费</td><td>机械费</td><td>管理费和利润</td><td>人工费</td><td>材料费</td><td>机械费</td><td>管理费和利润</td></tr>
<tr><td></td><td></td><td></td><td></td><td></td><td></td><td></td><td></td><td></td><td></td><td></td><td></td></tr>
<tr><td></td><td></td><td></td><td></td><td></td><td></td><td></td><td></td><td></td><td></td><td></td><td></td></tr>
<tr><td></td><td></td><td></td><td></td><td></td><td></td><td></td><td></td><td></td><td></td><td></td><td></td></tr>
<tr><td></td><td></td><td></td><td></td><td></td><td></td><td></td><td></td><td></td><td></td><td></td><td></td></tr>
<tr><td colspan="3">人工单价</td><td colspan="5">小计</td><td></td><td></td><td></td><td></td></tr>
<tr><td colspan="3">元/工日</td><td colspan="5">未计价材料费</td><td colspan="4"></td></tr>
<tr><td colspan="8">清单项目综合单价</td><td colspan="4"></td></tr>
<tr><td rowspan="7">材料费明细</td><td colspan="5">主要材料名称、规格、型号</td><td>单位</td><td>数量</td><td>单价（元）</td><td>合价（元）</td><td>暂估单价（元）</td><td>暂估合价（元）</td></tr>
<tr><td colspan="5"></td><td></td><td></td><td></td><td></td><td></td><td></td></tr>
<tr><td colspan="5"></td><td></td><td></td><td></td><td></td><td></td><td></td></tr>
<tr><td colspan="5"></td><td></td><td></td><td></td><td></td><td></td><td></td></tr>
<tr><td colspan="5"></td><td></td><td></td><td></td><td></td><td></td><td></td></tr>
<tr><td colspan="7">其他材料费</td><td>—</td><td></td><td>—</td><td></td></tr>
<tr><td colspan="7">材料费小计</td><td>—</td><td></td><td>—</td><td></td></tr>
</table>

7.1.2 综合单价的作用

综合单价是计算招标控制价或投标报价分部分项工程费的依据。

分部分项工程费＝∑分部分项工程量×综合单价

7.1.3 综合单价中费用分类

根据综合单价的定义，可以将组成综合单价的6项费用分为三类。

（1）工程直接费

人工费、材料和工程设备费、施工机具使用费属于工程直接费。

工程直接费＝Σ(工程量×人工费单价)＋Σ(工程量×材料费单价)＋Σ(工程量×机械费单价)

（2）间接费

管理费、利润属于工程间接费。

间接费＝Σ(定额人工费×管理费费率＋定额人工费×利润率)

（3）风险费用

根据风险分摊原则，风险费用的具体计算方法需要在招标文件中明确。

7.1.4 风险分摊

在招标文件中要明确要求投标人承担的风险费用，投标人应考虑将此费用纳入综合单价中。

在具体施工过程中，当出现的风险内容及其范围在招标文件规定的范围内时，综合单价不得变动，合同价款不予调整。根据国际惯例并结合我国建筑行业特点，在工程施工中所承担的风险宜采用如下分摊原则：

（1）主要由市场价格波动导致的风险，如建筑材料价格变动风险，承发包双方应在招标文件或合同中约定对此类风险范围和幅度的合理分摊比例。一般采取的方式是承包人承担5％以内的材料、工程设备价格风险，10％以内的施工机具使用费风险。

（2）主要由法律法规、政策出台等导致的风险，如税金、规费、人工费等发生变化，并由省、行业建设行政主管部门或其授权的工程造价管理机构根据上述变化发布的政策性调整，以及由政府定价或政府指导价管理的原材料等价格进行了调整，承包人不应该承担此类风险，应按照有关规定调整执行。

（3）主要由承包人自主控制的风险，如承包人的管理费、利润等，由承包人全部承担，承包人应根据自身企业实际情况自主报价。

7.1.5 全费用综合单价

编制施工图预算或者工程量清单报价，可以采用全费用综合单价法，见表7-2。全费用综合单价法是指在编制建筑安装工程预算或者工程量清单报价时，直接采用包含全部费用和税金等项目在内的综合单价进行计算。

综合单价包括人工费、材料费、施工机具使用费、管理费、利润、规费和税金。

全费用综合单价分析表 **表 7-2**

项目名称： 共 页 第 页

<table>
<tr><td>项目编码</td><td></td><td>项目名称</td><td></td><td>计量单位</td><td></td><td>工程数量</td><td colspan="2"></td></tr>
<tr><td colspan="9">综合单价组成分析</td></tr>
<tr><td rowspan="2">定额编号</td><td rowspan="2">定额名称</td><td rowspan="2">定额单位</td><td colspan="3">定额直接费单价(元)</td><td colspan="3">直接费合价(元)</td></tr>
<tr><td>人工费</td><td>材料费</td><td>机具费</td><td>人工费</td><td>材料费</td><td>机具费</td></tr>
<tr><td></td><td></td><td></td><td></td><td></td><td></td><td></td><td></td><td></td></tr>
<tr><td></td><td></td><td></td><td></td><td></td><td></td><td></td><td></td><td></td></tr>
<tr><td></td><td></td><td></td><td></td><td></td><td></td><td></td><td></td><td></td></tr>
<tr><td></td><td></td><td></td><td></td><td></td><td></td><td></td><td></td><td></td></tr>
<tr><td rowspan="5">间接费及利润税金计算</td><td>类别</td><td>取费基数描述</td><td colspan="2">取费基数</td><td>费率(%)</td><td colspan="2">金额(元)</td><td>备注</td></tr>
<tr><td>管理费</td><td></td><td></td><td></td><td></td><td></td><td></td><td></td></tr>
<tr><td>利润</td><td></td><td></td><td></td><td></td><td></td><td></td><td></td></tr>
<tr><td>规费</td><td></td><td></td><td></td><td></td><td></td><td></td><td></td></tr>
<tr><td>税金</td><td></td><td></td><td></td><td></td><td></td><td></td><td></td></tr>
<tr><td colspan="4">综合单价</td><td colspan="5"></td></tr>
<tr><td rowspan="4">预算定额人才机消耗量和单价分析</td><td colspan="2">人材机项目名称及规格、型号</td><td>单位</td><td>消耗量</td><td>单价(元)</td><td>合价(元)</td><td colspan="2">备注</td></tr>
<tr><td colspan="2"></td><td></td><td></td><td></td><td></td><td colspan="2"></td></tr>
<tr><td colspan="2"></td><td></td><td></td><td></td><td></td><td colspan="2"></td></tr>
<tr><td colspan="2"></td><td></td><td></td><td></td><td></td><td colspan="2"></td></tr>
</table>

编制人： 审核人： 审定人：

7.2 综合单价的编制依据

采用清单计价方式时，在编制招标控制价和投标报价中，确定综合单价的编制依据是有区别的。

7.2.1 招标控制价的编制依据

（1）现行国家标准《建设工程工程量清单计价规范》GB 50500—2013 与《房屋建筑与装饰工程工程量计算规范》GB 50854—2013 等。

（2）国家或省级、行业建设行政主管部门颁发的计价定额和计价办法。与装配式建筑有关的定额有《装配式建筑工程消耗量定额》《××省装配式建筑预算定额》等。

(3) 建设工程设计文件及相关资料。

(4) 拟定的招标文件及招标工程量清单。

(5) 与建设项目相关的标准、规范、技术资料等。

(6) 施工现场情况、工程特点及常规施工方案。

(7) 工程造价管理机构发布的工程造价信息，工程造价信息没有发布的，参照市场价格。

(8) 其他相关材料

7.2.2 投标报价的编制依据

《建设工程工程量清单计价规范》GB 50500—2013 规定，投标报价应根据以下依据编制：

(1) 现行国家标准《建设工程工程量清单计价规范》GB 50500—2013 与《房屋建筑与装饰工程工程量计算规范》GB 50854—2013 等。

(2) 国家或省级、行业建设行政主管部门颁发的计价办法。

(3) 企业定额，国家或省级、行业建设行政主管部门颁发的计价定额。

(4) 招标文件、工程量清单及其补充通知、答疑纪要。

(5) 建设工程设计文件及相关资料。

(6) 投标时拟定的施工组织设计或施工方案。

(7) 与建设项目相关的标准、规范、技术资料等。

(8) 市场价格信息或工程造价管理机构发布的工程造价信息价。

(9) 其他相关材料。

7.3 人工、材料、机械台班单价信息询价与收集

7.3.1 询价方式、途径

(1) 询价

在编制招标控制价或者投标报价时通过各种途径了解人工、材料、机械台班单价信息的过程与方法称为询价。

在编制招标控制价的时候，人、材、机价格信息是根据工程所在地区颁发的计价定额，造价管理部门发布的当时当地指导（市场）信息价来确定。

除了权威发布的指导（市场）价格信息，施工单位在编制投标报价的时候，要根据自身企业情况进行自主报价。作为以盈利为目的的建设行为，施工单位在投标的过程

中，不仅要考虑如何才能中标，还应考虑中标后获取应得的利润，考虑中标后有可能承担的风险。所以，在报价前要通过各种渠道，采用各种方式对组成项目费用的人工、材料、施工机具等要素进行系统的调查研究，为报价提供可靠依据。

询价时一定了解产品质量、满足招标文件要求、付款方式、供货方式、有无附加条件等情况。

(2) 询价途径

1) 直接与生产商联系

例如，要想了解 PC 构件的价格信息，可以与 PC 构件相应生产商联系，例如××集团、PC 构件厂等厂商。直接与生产商联系询价，能更快速地收集价格信息，方便构件采购的下单与发货，免去了中间供应商的差价，可以节约一定的成本。

2) 生产厂商的代理人、销售商或从事该项业务的经纪人

通过咨询专业的劳务分包公司，了解当前人工劳务价格。通过机械（具）租赁公司了解施工机械租赁价格。

3) 咨询公司

通过专业咨询公司得到的询价资料比较可靠，但是需要支付一定的咨询费用。

4) 互联网询价

通过互联网，浏览厂商的官方网站，查询相应价格信息。

5) 市场调研

自行进行市场调查，实地考察建材市场获取相关市场价格信息。

7.3.2 人工单价信息收集

不同的地区和工种人工单价是不一样的，所以要根据工程项目所在地的具体情况来确定人工单价信息。表 7-3 为某地区 2018 年三、四季度部分人工单价信息汇总。

某地区 2018 年三、四季度部分人工单价信息汇总（单位：元/工日）　　表 7-3

序号	人工名称	单位	7月	8月	9月	10月	11月	12月
1	抹灰工(一般抹灰工)	工日	134～197	134～197	134～197	135～198	135～198	135～198
2	防水工	工日	128～172	128～172	128～172	129～173	129～173	129～173
3	起重工	工日	129～180	129～180	129～180	130～181	130～181	130～181
4	钢筋工	工日	133～178	133～178	133～178	134～179	134～179	134～179
5	架子工	工日	127～180	127～180	127～180	130～181	130～181	130～181
6	建筑、装饰普工	工日	107～148	107～148	107～148	112～150	112～150	112～150

人工单价的询价一般有两种情况：一种是劳务分包公司询价，费用一般较高，但人工素质较可靠，工效较高，承包商管理较轻松；另外一种是劳务市场招募的零散劳动力，费用一般较劳务分包公司低，但有时素质和能力达不到要求，承包商管理较繁杂。

表 7-3 所列人工单价信息均未包括劳务管理费用。

7.3.3 材料单价信息收集

材料单价信息要保证报价的可靠，多渠道了解材料价格、供应数量、运输方式、保险、支付方式等。表 7-4 为某地区 2018 年三、四季度部分材料单价信息汇总。

某地区 2018 年三、四季度部分材料单价信息汇总　　表 7-4

序号	材料名称	规格型号	单位	7 月	8 月	9 月	10 月	11 月	12 月
1	PC 预制柱	（含钢量 126kg/m³）清水	m³	3200.00	3200.00	3200.00	3528.00	3632.83	3705.49
2	PC 预制主梁	（含钢量 260kg/m³）清水	m³	3100.00	3100.00	3100.00	3515.40	3553.81	3624.89
3	钢支撑		t	5250.00	5350.00	5340.00	5460.00	5900.00	62800.00
4	预埋铁件		t	6950.00	7060.00	7060.00	7190.00	7490.00	7870.00
5	一般小方材	≤54cm²	m³	2075.85	2075.85	2075.85	2075.85	2075.85	2075.85

7.3.4 机械台班单价信息收集

施工机械有租赁和采购两种方式。在收集租赁价格信息的时候，要详细了解计价方法，例如，每个机械台班租赁费用、最低计费起点、施工机械未工作时租赁费用、进出场费用、燃料费、机上作业人员工资等如何计取。

表 7-5 为某地区 2018 年三、四季度部分机械台班单价信息汇总表；表 7-6 为塔吊租赁报价表。

某地区 2018 年三、四季度部分机械台班单价信息汇总表　　表 7-5

序号	材料名称	规格型号	单位	7 月	8 月	9 月	10 月	11 月	12 月
1	履带式起重机	15t	台班	986 元	975 元	987 元	986 元	996 元	991 元
2	履带式起重机	25t	台班	1075 元	1060 元	1076 元	1073 元	1087 元	1079 元
3	履带式起重机	50t	台班	1627 元	1627 元	1627 元	1631 元	1631 元	1631 元
4	混凝土输送泵车	75m³/小时	台班	2016 元	1985 元	2016.93	2008.04	2036.56 元	2021.04 元
5	混凝土振捣器	插入式	台班	13.33 元	13.68 元	13.63 元	13.65 元	13.62 元	13.61 元
6	自升式塔式起重机	起重力矩 1000kN·m	台班	1028 元	1028 元	1028 元	1032 元	1032 元	1032 元

某厂商塔机租赁报价　　表 7-6

塔机型号	生产厂家	最大幅度/起重量	起升高度		塔基基础节安装形式	月租赁费
			独立高度(m)	最大高度(m)		(台/万元)
JTZ5510	杭州杰牌	55m/1.0t	40	140	预埋螺栓式	1.70
QTZ80A	吴淞建机	55m/1.2t	40	140	基础节预埋螺栓固定	1.70
QTZ80A	浙江德英	55m/1.2t	39	140	预埋螺栓式	1.70
QTZ5610	长沙中联	56m/1.0t	40.5	220	预埋螺栓式	1.70
QTZ80	浙江虎霸	58m/1.0t	40	140	预埋螺栓式	1.80
QTZ80B	吴淞建机	60m/1.0t	47	160	预埋螺栓式	2.10
QTZ80	四川锦城	55m/1.3t	37.6	150	预埋螺栓式	1.70

注：1）租赁报价不含安拆、进出场费；含增值税 9%，不含运费。
2）租赁报价不含操作工人人工费。

7.3.5 综合单价编制方法

（1）综合单价确定什么

综合单价确定的是分部分项工程量清单项目（或者单价措施工程量清单项目）的单价。

（2）分部分项工程量清单项目确定

某工程的分部分项工程量清单项目主要根据设计文件和《房屋建筑与装饰工程工程量计算规范》GB 50854—2013 确定。

例如，某工程设计文件有矩形 PC 梁项目，然后去《房屋建筑与装饰工程工程量计算规范》GB 50854—2013 中的“表 E. 10 预制混凝土梁”找到对应项目名称（矩形梁）和项目编码（010510001），就列出（清单）了这个分项工程项目，见表 7-7。

预制混凝土梁（编号：010510）　　表 7-7

项目编码	项目名称	项目特征	计量单位	工程量计算规则	工作内容
010510001	矩形梁	1. 图代号 2. 单件体积 3. 安装高度 4. 混凝土强度等级 5. 砂浆（细石混凝土）强度等级、配合比	1. m^3 2. 根	1. 以立方米计量，按设计图示尺寸以体积计算 2. 以根计量，按设计图示尺寸以数量计算	1. 模板制作、安装、拆除、堆放、运输及清理模内杂物、刷隔离剂等 2. 混凝土制作、运输、浇筑、振捣、养护 3. 构件运输、安装 4. 砂浆制作、运输 5. 接头灌缝、养护
010510002	异形梁				
010510003	过梁				
010510004	拱形梁				
010510005	鱼腹式吊车梁				
010510006	其他梁				

注：以根计量，必须描述单件体积。

（3）分部分项工程量清单项目与定额子目的关系

1）一一对应关系

一个分部分项工程量清单项目对应一个定额子目。例如，某装配式建筑所需的平开塑钢成品门安装项目（表 7-8 中的清单编码 010802001）与某地区消耗量定额平开塑钢成品门安装项目（表 7-9 中的定额编号 8-10）的内容是一一对应关系。

金属门（编码：010802） **表 7-8**

项目编码	项目名称	项目特征	计量单位	工程量计算规则	工作内容
010802001	金属（塑钢）门	1. 门代号及洞口尺寸 2. 门框或扇外围尺寸 3. 门框、扇材质 4. 玻璃品种、厚度	1. 樘 2. m^2	1. 以樘计量，按设计图示数量计算 2. 以平方米计量，按设计图示洞口尺寸以面积计算	1. 门安装 2. 五金安装 3. 玻璃安装
010802002	彩板门	1. 门代号及洞口尺寸 2. 门框或扇外围尺寸			
010802003	钢质防火门	1. 门代号及洞口尺寸 2. 门框或扇外围尺寸 3. 门框、扇材质			
010802004	防盗门				1. 门安装 2. 五金安装

塑钢、彩板钢门 **表 7-9**

工作内容：开箱、解捆、定位、划线、吊正、找平、安装、框周边塞缝等。 计量单位：$100m^2$

定额编号				8-9	8-10
项目				塑钢成品门安装	
				推拉	平开
名称			单位	消耗量	
人工	合计工日		工日	20.543	24.844
	其中	普工	工日	6.163	7.454
		一般技工	工日	12.326	14.906
		高级技工	工日	2.054	2.484
材料	塑钢推拉门		m^2	96.980	—
	塑钢平开门		m^2	—	96.040
	铝合金门窗配件固定连接铁件（地脚）3×30×300(mm)		个	445.913	575.453
	聚氨酯发泡密封胶（750mL/支）		支	116.262	143.322
	硅酮耐候密封胶		kg	66.706	86.029
	塑料膨胀螺栓		套	445.913	575.453
	电		kW·h	7.000	7.000
	其他材料费		%	0.200	0.200

2）一对多对应关系

一个分部分项工程量清单项目对应多个定额子目。例如，某装配式建筑所需的预制混凝土矩形梁项目（表 7-7 中的清单编码 010510001）与某地区消耗量定额预制混凝土矩形梁制作项目（表 7-10 中的定额编号 5-17）、矩形梁模板项目（表 7-11 中的定额编号 5-231）、矩形梁（二类）运输项目（表 7-12 中定额编号 5-309、5-310）、矩形梁安装项目（表 7-13 中定额编号 1-2）的内容是一对多对应关系。消耗量定额的矩形梁制作、模板、运输、安装 4 个消耗量定额子目内容，才能满足编制矩形梁清单项目综合单价的要求。为什么呢？因为表7-7中清单编码010510001矩形梁项目的工作内容包含模板、制作、运输、安装内容，所以要在消耗量定额中找到对应的“5-17”制作定额、“5-231”模板定额、“5-309”和“5-310”运输定额、“1-2”安装4个对应的定额子目，才能完整地编制出该项目的综合单价。

某地区混凝土预制梁制作消耗量定额　　表7-10

工作内容：浇筑、振捣、养护等。　　计量单位：$10m^3$

定额编号				5-16	5-17	5-18	5-19
项目				基础梁	矩形梁	异形梁	过梁
名称			单位	消耗量			
人工	合计工日		工日	2.911	3.017	3.219	8.838
	其中	普工	工日	0.874	0.905	0.966	2.651
		一般技工	工日	1.746	1.810	1.931	5.303
		高级技工	工日	0.291	0.302	0.322	0.884
材料	预拌混凝土C20		m^3	10.100	10.100	10.100	10.100
	塑料薄膜		m^2	31.765	29.750	36.150	41.300
	土工布		m^2	3.168	2.720	3.610	4.113
	水		m^3	3.040	3.090	2.100	2.640
	电		kW·h	3.750	3.750	3.750	2.310

某地区预制梁模板消耗量定额　　表7-11

工作内容：模板及支撑制作、安装、拆除、堆放、运输及清理模内杂物、刷隔离剂等。

计量单位：$100m^2$

定额编号				5-231	5-232	5-233
项　　目				矩形梁		异形梁
				组合钢模板	复合模板	木模板
				钢支撑		
名称			单位	消耗量		
人工	合计工日		工日	21.219	18.245	40.861
	其中	普工	工日	6.366	5.473	12.258
		一般技工	工日	12.731	10.947	24.517
		高级技工	工日	2.122	1.825	4.086
材料	组合钢模板		kg	77.340	—	—
	复合模板		m^2	—	24.675	—
	板坊材		m^3	0.017	0.447	0.910
	钢支撑及配件		kg	69.480	69.480	69.480
	木支撑		m^3	0.029	0.029	0.029
	零星卡具		kg	41.100	—	—
	梁卡具模板用		kg	26.190	—	—
	圆钉		kg	0.470	1.224	29.570
	隔离剂		kg	10.000	10.00	10.000
	水泥砂浆 1∶2		m^3	0.012	0.012	0.003
	镀锌铁丝 ϕ0.7		kg	0.180	0.180	0.180
	模板嵌缝料		kg	—	—	10.000
	硬塑料管 ϕ20		m	—	14.193	—
	塑料粘胶带 20mm×50m		卷	—	4.500	—
	对拉螺栓		kg	—	5.794	—
机械	木工圆锯机 500mm		台班	0.037	0.037	0.819

某地区二类构件运输消耗量定额 **表 7-12**

工作内容：设置一般支架（垫木条）、装车绑扎、运输、卸车堆放、支垫稳固等。

计量单位：10m³

定额编号				5-307	5-308	5-309	5-310
项　目				2 类预制混凝土构件			
				运距(≤1km)	场内每增减 0.5km	运距(≤10km)	场外每增减 1km
名称			单位	消耗量			
人工	合计工日		工日	0.780	0.034	1.400	0.068
	其中	普工	工日	0.234	0.011	0.420	0.020
		一般技工	工日	0.468	0.020	0.840	0.041
		高级技工	工日	0.078	0.003	0.140	0.007
材料	板枋材		m³	0.110	—	0.110	—
	钢丝绳		kg	0.320	—	0.320	—
	镀锌铁丝 ϕ4.0		kg	3.140	—	3.140	—
机械	载重汽车 12t		台班	0.590	0.025	1.050	0.051
	汽车式起重机 20t		台班	0.390	0.017	0.700	0.034

某地区预制梁安装消耗量定额 **表 7-13**

工作内容：结合面清理，构件吊装、就位、校正、垫实、固定，接头钢筋调直，搭设及拆除钢支撑。

计量单位：10m³

定 额 编 号				1-2	1-3
项　目				单梁	叠合梁
名称			单位	消耗量	
人工	合计工日		工日	12.730	16.530
	其中	普工	工日	3.819	4.959
		一般技工	工日	7.638	9.918
		高级技工	工日	1.273	1.653
材料	预制混凝土单梁		m³	10.050	—
	预制混凝土叠合梁		m³	—	10.050
	垫铁		kg	3.270	4.680
	松杂板枋材		m³	0.014	0.020
	立支撑杆件 ϕ48×3.5		套	1.040	1.490
	零星卡具		kg	9.360	13.380
	钢支撑及配件		kg	10.000	14.290
	其他材料费		%	0.600	0.600

（4）含矩形梁预制、模板、运输、安装项目内容的综合单价编制方法与步骤

1）某地区人材机指导价单价表

某地区人材机指导价单价摘录见表 7-14。

某地区人材机指导价单价表 表 7-14

序号	名称	单价(元)	序号	名称	单价(元)
1	普工	60 元/工日	12	圆钉	5.80 元/kg
2	一般技工	80 元/工日	13	梁卡具模板用	3.87 元/kg
3	高级技工	100 元/工日	14	钢支撑及配件	4.23 元/kg
4	板枋材	1530 元/m^3	15	组合钢模板	5.20 元/kg
	松杂枋材	1240 元/m^3	16	塑料薄膜	0.85 元/m^2
	木支撑	1240 元/m^3	17	土工布	1.80 元/m^2
5	钢丝绳	33.78 元/kg	18	1∶2 水泥砂浆	440 元/m^3
6	镀锌铁丝 $\phi4$	21.30 元/kg	19	预拌混凝土 C20	410 元/m^3
7	镀锌铁丝 $\phi7$	19.10 元/kg	20	水	2.00 元/m^3
8	垫铁	4.50 元/kg	21	电	1.90 元/kWh
9	立支撑杆件 $\phi48\times3.5$	78.30 元/套	22	载重汽车 12t	550 元/台班
10	隔离剂	3.20 元/kg	23	汽车式起重机 20t	1560 元/台班
11	零星卡具	3.87 元/kg	24	木工圆锯机 500mm	75 元/台班

注：表中价格均不含进项税。

2）编制预制混凝土矩形梁单位估价表

将表 7-10 中的人材机名称和消耗量分别填写到表 7-15 对应的栏目内；根据表 7-15 的需要，将表 7-14 中的单价填写到表 7-15 的对应单价栏目内；然后分别计算人工费、材料费后汇总为定额基价。编制的预制混凝土矩形梁单位估价表，见表 7-15。

混凝土矩形梁预制单位估价表 表 7-15

定额编号				5-17
项　目				预制 C20 混凝土矩形梁（每 $10m^3$）
基价(元)				4414.06
其中	人工费(元)			229.30
	材料费(元)			4184.76
	机械费(元)			—
名称		单位	单价	消耗量
人工	普工	工日	60.00	0.905
	一般技工	工日	80.00	1.810
	高级技工	工日	100.00	0.302
材料	预拌混凝土 C20	m^3	410.00	10.100
	塑料薄膜	m^2	0.85	29.750
	土工布	m^2	1.90	2.720
	水	m^3	2.00	3.090
	电	kWh	1.90	3.750

3）编制混凝土矩形梁模板单位估价表

将表 7-11 中的人材机名称和消耗量分别填写到表 7-16 对应的栏目内；根据表 7-16 的需要，将表 7-14 中的单价填写到表 7-16 的对应单价栏目内；然后分别计算人工费、材料费后汇总为定额基价。编制的混凝土矩形梁模板单位估价表，见表 7-16。

混凝土矩形梁模板单位估价表 表 7-16

定额编号				5-231
项　目				预制混凝土矩形梁模板 (每 100m²)
基价(元)				2674.09
其中	人工费(元) 材料费(元) 机械费(元)			1606.64 1064.67 2.78
名称		单位	单价	消耗量
人工	普工	工日	60.00	6.266
	一般技工	工日	80.00	12.731
	高级技工	工日	100.00	2.122
材料	组合钢模板	kg	5.20	77.340
	板方材	m^3	1530.00	0.017
	钢支撑及配件	kg	4.23	69.48
	木支撑	m^3	1240	0.029
	零星卡具	kg	3.87	41.10
	梁卡具模板用	kg	3.87	26.19
	圆钉	kg	5.80	0.47
	隔离剂	kg	3.20	10.00
	1∶2 水泥砂浆	m^3	440.00	0.012
	镀锌铁丝 $\phi7$	kg	19.10	0.18
机械	木工圆锯机	台班	75.00	0.037

4）编制矩形梁运输单位估价表

将表 7-12 中的人材机名称和消耗量分别填写到表 7-17 对应的栏目内；根据表 7-17 的需要，将表 7-14 中的单价填写到表 7-17 的对应单价栏目内；然后分别计算人工费、材料费后汇总为定额基价。编制的混凝土矩形梁模板单位估价表，见表 7-17。

混凝土矩形梁运输单位估价表 表 7-17

定额编号				5-309	5-310
项　目				2 类预制构件运输(每 10m³)	
				场外运距≤10km	场外每增减 1km
基价(元)				2021.89	86.27
其中	人工费(元) 材料费(元) 机械费(元)			106.40 245.99 1669.50	5.18 — 81.09
名称		单位	单价	消耗量	
人工	普工	工日	60.00	0.420	0.020
	一般技工	工日	80.00	0.840	0.041
	高级技工	工日	100.00	0.140	0.007
材料	枋板材	m^3	1530.00	0.110	
	钢丝绳	kg	33.78	0.320	
	镀锌铁丝 $\phi4$	kg	21.30	3.140	
机械	载重汽车 12t	台班	550.00	1.050	0.051
	汽车式起重机 20t	台班	1560.00	0.700	0.034

5）编制矩形梁安装单位估价表

将表 7-13 中的人材机名称和消耗量分别填写到表 7-18 对应的栏目内；根据表 7-18 的需要，将表 7-14 中的单价填写到表 7-18 的对应单价栏目内；然后分别计算人工费、材料费后汇总为定额基价。编制的混凝土矩形梁模板单位估价表，见表 7-18。

矩形梁安装单位估价表 **表 7-18**

定额编号				1-2
项目				装配式单梁安装(每 $10m^3$)
基价(元)				1160.66
其中	人工费(元) 材料费(元) 机械费(元)			967.48 192.03+1.16=193.19 —
名称		单位	单价	消耗量
人工	普工 一般技工 高级技工	工日 工日 工日	60.00 80.00 100.00	3.819 7.638 1.273
材料	垫铁 松杂枋材 立支撑杆件 ϕ48×3.5 零星卡具 钢支撑及配件 其他材料费	kg m^3 套 kg kg %	4.50 1240.00 78.30 3.87 4.23 —	3.27 0.014 1.040 9.360 10.000 0.600

6）编制综合单价所需定额工程量计算

① 混凝土矩形梁定额工程量为 $1m^3$。

② 计算 $1m^3$ 混凝土矩形梁定额工程量。

某工程预制混凝土矩形梁图纸尺寸为 6000mm×250mm×500mm，计算体积与模板接触面积。

混凝土体积=0.25×0.50×6.0=$0.75m^3$

板接触面积=0.25×0.50×2+6.0×0.50×2+0.25×6.0=$7.75m^2$

$1m^3$ 混凝土矩形梁模板接触面积=7.75÷0.75=$10.33m^2/m^2$

③ 混凝土矩形梁运输定额工程量为 $1m^3$。

④ 混凝土矩形梁安装定额工程量为 $1m^3$。

7）填写综合单价分析表

由于计算预制混凝土矩形梁综合单价需要 4 个预算定额（单位估价表）项目，所以将表 7-15～表 7-18 单位估价表人工费、材料费、机械费单价，填入表 7-19。将上面计算的 $1m^3$ 混凝土矩形梁模板接触面积 $10.33m^2$ 梁模板的数量栏目。

8）计算综合单价

预制梁按运距 15km 计算。

某地区管理费与利润计算规定：

管理费=人工费×15%

预制混凝土矩形梁综合单价计算表 表 7-19

项目编码	010510001001	项目名称	矩形梁	计量单位	m^3

清单综合单价组成明细											
定额编号	定额项目名称	定额单位	数量	单价				合价			
				人工费	材料费	机械费	管理费和利润	人工费	材料费	机械费	管理费和利润
5-17	梁制作	m^3	1.0	22.93	418.48						
5-231	梁模板	m^2	10.33	16.07	10.65	0.03					
5-309	梁运输(10km)	m^3	1.0	10.64	24.60	166.95					
5-310	梁运输(加 5km)	m^3	5.0	0.52		8.11					
1-2	梁安装	m^3	1.0	96.75	19.32						
人工单价		小计									
元/工日		未计价材料费									
清单项目综合单价								1873.57			

主要材料费明细	主要材料名称、规格、型号	单位	数量	单价(元)	合价(元)	暂估单价(元)	暂估合价(元)
	枋板材	m^3	0.011	1530			
	松杂枋材	m^3	0.0014	1240			
	立支撑杆件 $\phi48\times3.5$	套	1.04	78.30			
	预拌混凝土 C20	m^3	1.01	410.00			
	组合钢模板 $0.7734\times10.33=7.99$	kg	7.99	5.20			
	其他材料费			—		—	
	材料费小计			—		—	

利润=人工费×8%

梁运 10km　　10.64×(15%+8%)=2.45 元

梁运 5km　　0.52×(15%+8%)×5=0.60 元

梁安装　　96.75×(15%+8%)=22.25 元

步骤：计算管理费与利润单价；计算人工费、材料费、机械费和利润与管理费合计；人工费、材料费、机械费、管理费与利润分别合计，然后加总为综合单价，见表 7-20。

结果：预制混凝土矩形梁（含模板、制、运、安工作内容）综合单价为 1147.93 元/m^3。

（5）成品 PC 梁、运输、安装项目内容的综合单价计算方法

已知 PC 梁出厂价：1521.86 元/m^3；根据表 7-14、表 7-17、表 7-18 编制该项目综合单价。

填写和计算预制混凝土矩形梁综合单价计算表，计算方法同上（见表 7-21）。得出结果为：预制混凝土矩形梁（含成品 PC 梁、运、安工作内容）综合单价为 1147.93 元/m^3。

预制混凝土矩形梁综合单价分析表 表 7-20

项目编码	010510001001	项目名称	矩形梁	计量单位	m^3

清单综合单价组成明细											
定额编号	定额项目名称	定额单位	数量	单价				合价			
				人工费	材料费	机械费	管理费和利润	人工费	材料费	机械费	管理费和利润
5-17	梁制作	m^3	1.0	22.93	418.48		5.27	22.93	418.48		5.27
5-231	梁模板	m^2	10.33	16.07	10.65	0.03	3.70	166.00	110.01	0.31	38.22
5-309	梁运输(10km)	m^3	1.0	10.64	24.60	166.95	2.45	10.64	24.60	166.95	2.45
5-310	梁运输(加 5km)	m^3	5.0	0.52		8.11	0.12	2.60		40.55	0.60
1-2	梁安装	m^3	1.0	96.75	19.32		22.25	96.75	19.32		22.25
人工单价		小计						298.92	572.41	207.81	68.79
元/工日		未计价材料费									
清单项目综合单价								1147.93			

材料费明细	主要材料名称、规格、型号	单位	数量	单价(元)	合价(元)	暂估单价(元)	暂估合价(元)
	枋板材	m^3	0.011	1530	16.83		
	松杂枋材	m^3	0.0014	1240	1.74		
	立支撑杆件 ϕ48×3.5	套	1.04	78.30	81.43		
	预拌混凝土 C20	m^3	1.01	410.00	414.10		
	组合钢模板 0.7734×10.33=7.99	kg	7.99	5.20	41.55		
	其他材料费			—		—	
	材 料费小计			—		—	

预制混凝土矩形梁综合单价分析表 表 7-21

项目编码	010510001001	项目名称	矩形梁制运安	计量单位	m^3

清单综合单价组成明细											
定额编号	定额项目名称	定额单位	数量	单价				合价			
				人工费	材料费	机械费	管理费和利润	人工费	材料费	机械费	管理费和利润
市场价	PC 梁制作	m^3	1.0		1521.86				1521.86		
5-309	PC 梁(10km)	m^3	1.0	10.64	24.60	166.95	2.45	10.64	24.60	166.95	2.45
5-310	PC 梁加 5km	m^3	5.0	0.52		8.11	0.12	2.60		40.55	0.60
1-2	PC 梁安装	m^3	1.0	96.75	19.32		22.25	96.75	19.32		22.25
人工单价		小计						109.99	1565.78	207.50	25.30
元/工日		未计价材料费									
清单项目综合单价								1908.57			

主要材料费明细	主要材料名称、规格、型号	单位	数量	单价(元)	合价(元)	暂估单价(元)	暂估合价(元)
	枋板材	m^3	0.011	1530	16.83		
	松杂枋材	m^3	0.0014	1240	1.74		
	立支撑杆件 ϕ48×3.5	套	1.04	78.30	81.43		
	PC 梁	m^3	1.00	1521.86	1521.86		
	其他材料费			—	1.16	—	
	材料费小计			—		—	

(6) 采用含管理费的预算定额编制综合单价

计算某装配式建筑PC叠合梁运输30km和梁安装的综合单价。

1) 某地区PC叠合梁运输预算定额

某地区PC叠合梁运输预算定额见表7-22。

某地区PC叠合梁运输预算定额 **表7-22**

3.1 成品构件运输

工作内容：设置支架、垫方木、装车绑扎、运输、按规定地点卸车堆放、支架稳固。

计量单位：m^3

定额编号					3-1		3-2	
项目名称			单位	单价	构件运输			
					距离在25km以内		距离在25km以外每增加5km	
					数量	合价	数量	合价
综合单价					199.06		27.21	
其中	人工费				16.40		4.92	
	材料费				4.78			
	机械费				122.37		14.52	
	管理费				38.86		5.44	
	利润				16.65		2.33	
二类工			工日	82.00	0.200	16.40	0.060	4.92
材料	32090101	模板木材	m^3	1850.00	0.001	1.85		
	01050101	钢丝绳	kg	6.70	0.030	0.20		
	03570217	镀锌铁丝8～12#	kg	6.00	0.310	1.86		
	32030121	钢支架、平台及连接件	kg	4.16	0.210	0.87		
机械	99453572	运输机械Ⅱ、Ⅲ类构件	台班	580.85	0.148	85.97	0.025	14.52
	99453575	装卸机械Ⅱ、Ⅲ类构件	台班	649.97	0.056	36.40		

2) 某地区PC叠合梁安装预算定额

某地区PC叠合梁安装预算定额见表7-23。

某地区PC叠合梁安装预算定额 **表7-23**

1.2 梁

工作内容：结合面清理，构件吊装、就位、支撑、校正、垫实、固定。 计量单位：m^3

定额编号				1-2		1-3	
项目名称		单位	单价	单梁		叠合梁	
				数量	合价	数量	合价
综合单价				247.43		326.21	
其中	人工费			151.47		196.69	
	材料费			35.37		50.85	
	机械费			—		—	
	管理费			42.41		55.07	
	利润			18.18		23.60	

续表

定额编号					1-2		1-3	
项目名称			单位	单价	单梁		叠合梁	
					数量	合价	数量	合价
一类工			工日	85.00	1.782	151.47	2.314	196.69
材料	04291402	预制混凝土单梁	m^3		(1.000)			
	04291403	预制混凝土叠合梁	m^3				(1.000)	
	03590100	垫铁	kg	5.00	0.327	1.64	0.468	2.34
	34021701	垫木	m^3	1800.00	0.002	3.60	0.003	5.40
	32020130	支撑杆件	套	80.00	0.208	16.64	0.298	23.84
	32020115	零星卡具	kg	4.88	1.404	6.85	2.007	9.79
	32020132	钢管支撑	kg	4.19	1.500	6.29	2.144	8.98
		其他材料费	元	1.00	0.35	0.35	0.50	0.50

3）编制综合单价

PC叠合梁运输30km和梁安装的综合单价分析见表7-24。

综合单价分析表 **表7-24**

工程名称：某住宅　　标段：　　第　页共　页

项目编码	010510001001		项目名称	PC梁（9m长）运安			计量单位		m^3		
清单综合单价组成明细											
定额编号	定额项目名称	定额单位	数量	单价				合价			
				人工费	材料费	机械费	管理费和利润	人工费	材料费	机械费	管理费和利润
3-1	PC叠合25km	m^3	1.0	16.40	4.78	122.37	55.51	16.40	4.78	122.37	55.51
3-2	PC叠合5km	m^3	1.0	4.92		14.52	7.77	4.92		14.52	7.77
1-3	PC叠合梁安装	m^3	1.0	196.69	50.85		78.67	196.69	50.85		78.67
人工单价		小计						218.01	55.63	136.89	141.95
元/工日		未计价材料费									
清单项目综合单价								552.48			

主要材料费明细	主要材料名称、规格、型号	单位	数量	单价（元）	合价（元）	暂估单价（元）	暂估合价（元）
	垫铁	kg	0.468	5.008	2.34		
	垫木	m^3	0.003	1800.00	5.40		
	立支撑杆件 ϕ48×3.5	套	0.298	80.00	23.84		
	零星卡具	kg	2.007	4.88	9.79		
	其他材料费			—	0.50	—	
	材料费小计			—		—	

8 现浇构件工程量计算

8.1 现浇独立基础工程量计算

8.1.1 基坑土方工程量计算

（1）基坑定义

凡基坑长小于宽三倍以内且基坑底且面积在 150m² 以内为基坑，见图 8-1。基坑土方按 m³ 计算工程量。

（2）基坑放坡

挖基坑时，为了防止在施工中塌方，挖一定深度时，需要放坡，见图 8-2。

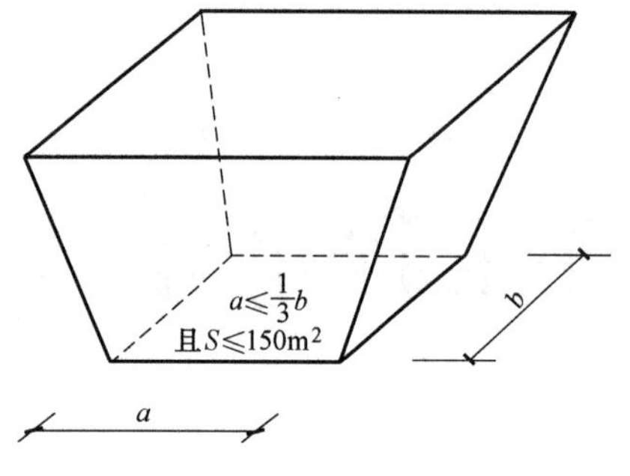

图 8-1　基坑示意图

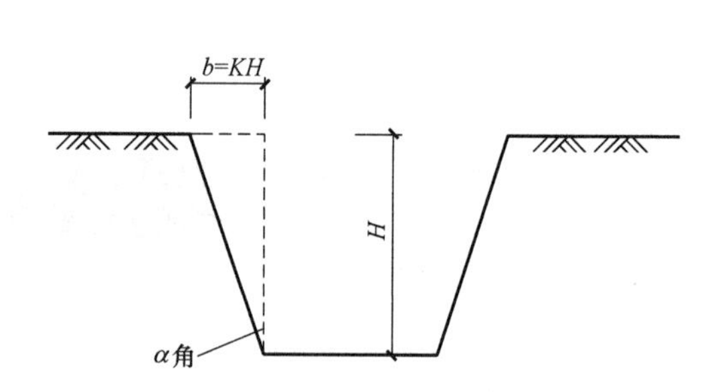

图 8-2　基坑断面放坡示意图

说明：

放坡系数 $K=b/H$，则放坡宽度 $b=KH$。

当放坡系数为 0.50、挖土深度为 2.0m 时，

放坡宽度 $b=0.50\times2.0=1.0$m

放坡系数 K 值是计算规则规定的（表 8-1）。

放坡系数表　　　　**表 8-1**

土壤类别	放坡起点(m)	人工挖土	机械挖土	
			在坑内作业	在坑上作业
一、二类土	1.20	1∶0.5	1∶0.33	1∶0.75
三类土	1.50	1∶0.33	1∶0.25	1∶0.67
四类土	2.00	1∶0.25	1∶0.10	1∶0.33

注：1）沟槽、基坑中土壤类别不同时，分别按其放坡起点、放坡系数，依不同土壤厚度加权平均计算。

2）计算放坡时，在交接处的重复工程量不予扣除，原槽、坑作基础垫层时，放坡从垫层上表面开始计算。

（3）工程量计算公式

挖地坑土方公式：$V=(a+2c+kH)(b+2c+kH)H+\frac{1}{3}k^2H^3$

放坡基坑示意见图 8-3。

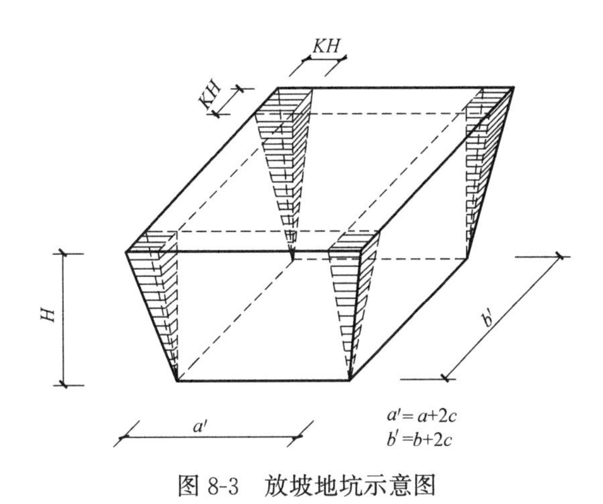

图 8-3 放坡地坑示意图

（4）工程量计算示例

【例 8-1】 某独立基础土方为四类土，混凝土基础垫层长和宽分别为 2.00m 和 1.60m，基坑深 2.10m，计算该基坑挖土方工程量（图 8-4）。

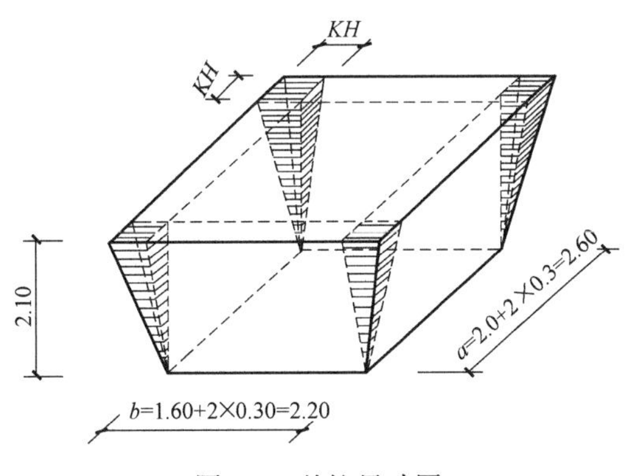

图 8-4 基坑尺寸图

解： 已知 a=2.00m；b=1.60m；H=2.1m；K=0.25（查表）；c=0.30（查表）。

$$V=(\text{垫层长}+2\times\text{工作面}+KH)(\text{垫层宽}+2\times\text{工作面}+KH)H+\frac{1}{3}K^2H^3$$

$$=(2.00+2\times0.30+0.25\times2.10)\times(1.60+2\times0.30+0.25\times2.10)\times2.10$$

$$+\frac{1}{3}\times0.252\times2.103$$

$$=3.13\times2.73\times2.10+0.19$$

$$=18.13\text{m}^3$$

8.1.2 现浇台阶式混凝土杯形基础工程量计算

（1）计算公式

$$V=\text{基础外形体积}-\text{杯口体积}$$

$$=(\sum\text{基础各层台阶体积})-\frac{1}{3}\times(S_1+S_2+\sqrt{S_1\times S_2})\times h$$

(2) 台阶式杯形基础施工图

杯型基础施工图见图 8-5、图 8-6。

现浇钢筋混凝土杯形基础的工程量分四个部分计算：

①底部立方体；②中部立方体体；③上部立方体；④扣除杯口空心棱台体。

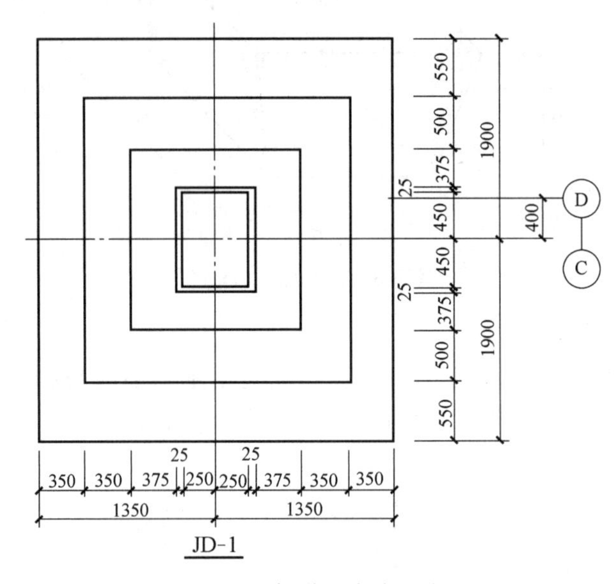

图 8-5 杯形基础平面图

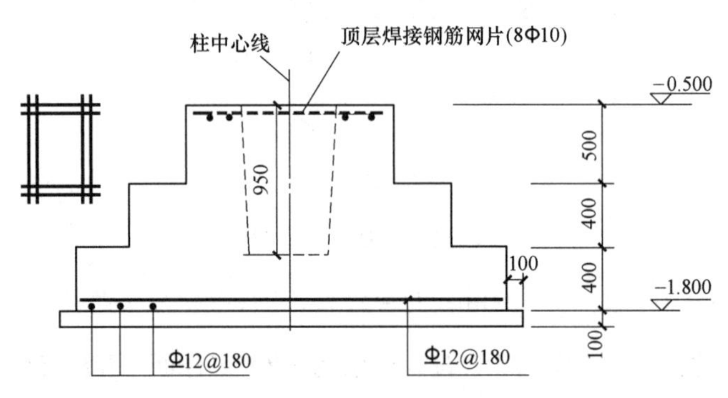

图 8-6 杯形基础剖面图

(3) 工程量计算

【例 8-2】 根据图 8-5、图 8-6 图示尺寸，计算其现浇混凝土杯形基础工程量。

解： V = 基础外形体积 − 杯口体积

$$=(\sum \text{基础各层台阶体积})-\frac{1}{3}\times(S_1+S_2+\sqrt{S_1\times S_2})\times h$$

$$=(2.7\times3.8\times0.4+2.0\times2.7\times0.4+1.3\times1.7\times0.5)-\frac{1}{3}$$

$$\times(0.55\times0.95+0.5\times0.9+\sqrt{0.5225\times0.45})\times0.95$$

$$=7.369-\frac{1}{3}\times1.4574\times0.95$$

$=7.369-0.4858\times0.95$

$=7.369-0.4615$

$=6.91\text{m}^3$

8.1.3　现浇四坡式混凝土杯形基础工程量计算

（1）四坡式混凝土杯形基础施工图（图 8-7）

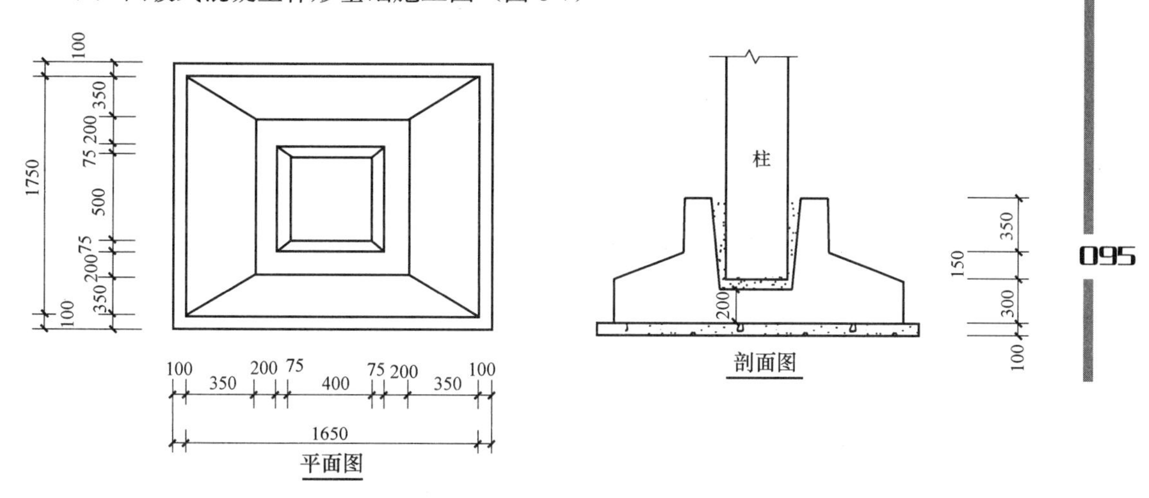

图 8-7　四坡式混凝土杯形基础示意图

（2）工程量计算

【例 8-3】 现浇钢筋混凝土四坡式杯形基础（见上图）的工程量分四个部分计算：①底部立方体；②中部棱台体；③上部立方体；④扣除杯口空心棱台体。

V ＝下部立方体＋中部棱台体＋上部立方体－杯口空心棱台体

$=1.65\times1.75\times0.30+\frac{1}{3}\times0.15\times[1.65\times1.75+0.95\times1.05+\sqrt{(1.65\times1.75)\times(0.95\times1.05)}]+0.95\times1.05\times0.35-\frac{1}{3}\times(0.8-0.2)\times[0.4\times0.5+0.55\times0.65+\sqrt{(0.4\times0.5)\times(0.55\times0.65)}]$

$=0.866+0.279+0.349-0.165=1.33\text{m}^3$

8.2　有肋带形基础工程量计算

8.2.1　有肋带形基础

有肋带形基础示意见图 8-8。

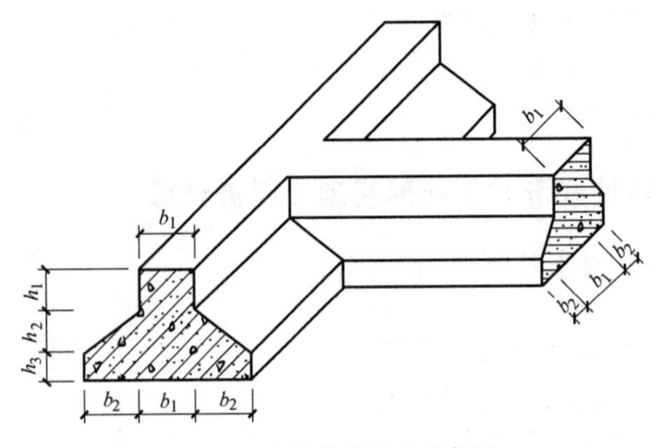

图 8-8　有肋带形基础示意图

8.2.2　有肋带形基础 T 型接头

有肋带形基础 T 型接头示意见图 8-9。

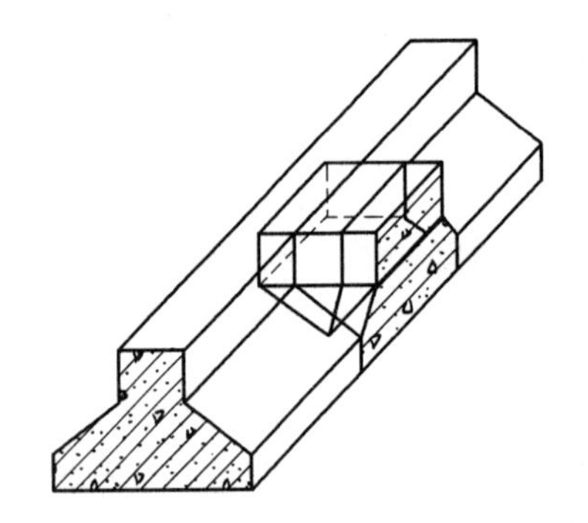

图 8-9　有肋带形基础 T 型接头示意图

8.2.3　T 型接头分解

将 T 型接头分解为可以采用体积公式计算的形状，见图 8-10。

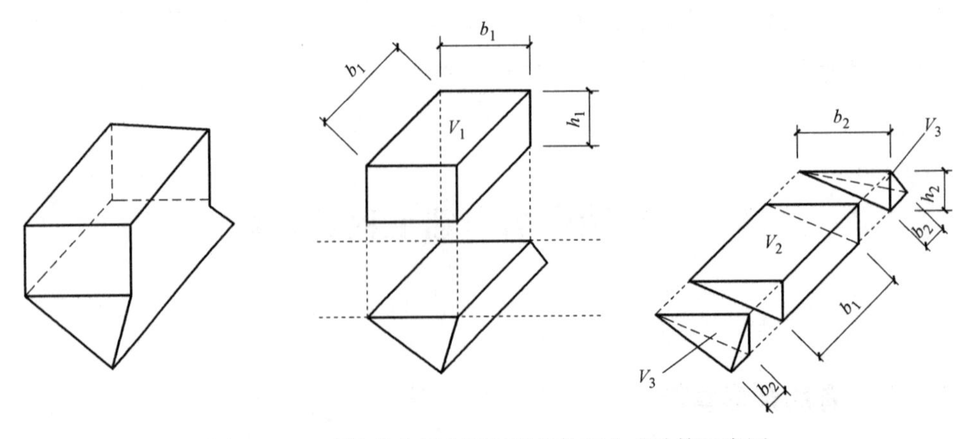

图 8-10　T 型接头分解为可以采用体积公式计算示意图

8.2.4 T 型接头工程量计算公式

$V=V_1+V_2+2\times V_3$

其中：$V_1=b_1\times b_1\times h_1$

$$V_2=h_2\times b_2\times \frac{1}{2}\times b_1$$

$$V_3=h_2\times b_2\times \frac{1}{2}\times b_2\times \frac{1}{3}$$

T 型接头处工程量计算公式$=V_1+V_2+2\times V_3=b_1\times h_1\times b_1+b_2\times h_2\times \frac{1}{2}\times b_1+\frac{1}{3}\times b_2\times h_2\times b_2$

8.2.5 工程量计算示例

【例 8-4】 计算图 8-11 所示的混凝土基础 T 型接头处工程量。

解： $b_1=0.24+2\times 0.08=0.40$m；$b_2=(1.00-0.40)\div 2=0.30$m：$h_1=0.30$m；$h_2=0.15$m。

$$V=2\text{处}\times(b_1\times h_1\times b_1+b_2\times h_2\times \frac{1}{2}\times b_1+\frac{1}{3}\times b_2\times h_2\times b_2)$$

$$=2\times(0.40\times 0.30\times 0.40+0.30\times 0.15\times \frac{1}{2}\times 0.40+\frac{1}{3}\times 0.30\times 0.15\times 0.30)$$

$$=2\times 0.0615=0.123\text{m}^3$$

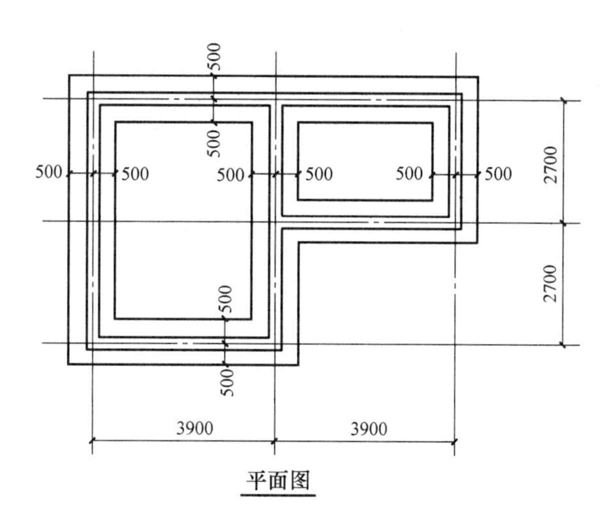

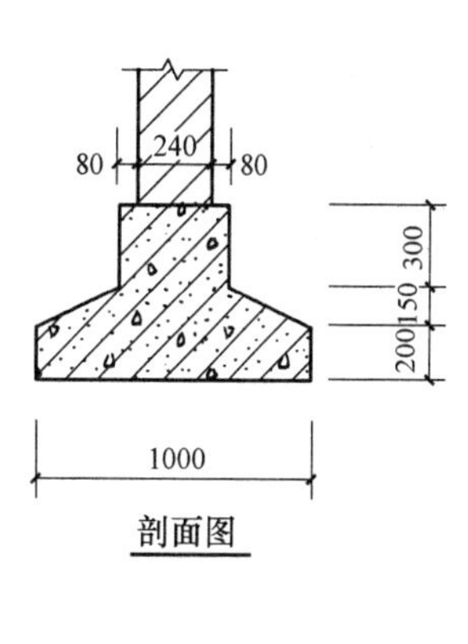

图 8-11　某工程有肋带形基础图

8.3 装配式混凝土建筑后浇段工程量计算

8.3.1 工程量计算规则概述

后浇混凝土浇捣工程量按设计图示尺寸以实际体积计算，不扣除混凝土内钢筋、预埋件及单个面积小于 0.3m^2 的孔洞所占的体积。后浇混凝土的体积计算主要包括连接墙、连接柱的后浇段，叠合剪力墙、叠合梁、叠合板的后浇段，梁、柱的接头部分；剪力墙（槽）的混凝土体积。

8.3.2 预制墙后浇段种类

预制墙的接头有很多种类，主要包括预制墙的竖向接缝构造，预制墙的水平接缝构造，连梁及楼面梁与预制墙的连接构造。

连接墙、柱的接缝相对比较规整，截面以矩形为主，组合面通常存在于拐角处，后浇混凝土的工程量计算较简单，见图 8-12～图 8-14。

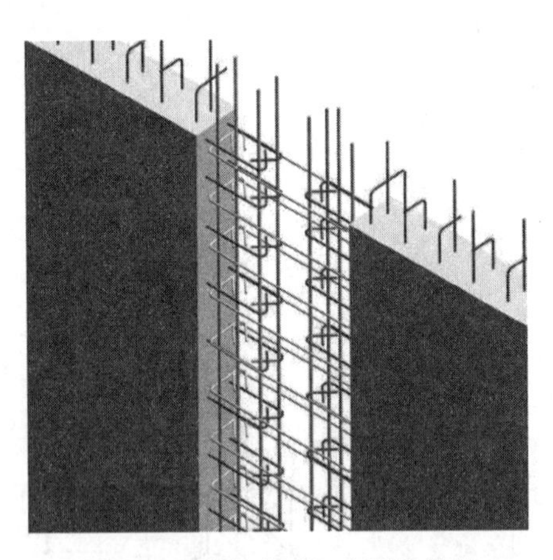

图 8-12　墙竖向“一字型”接缝

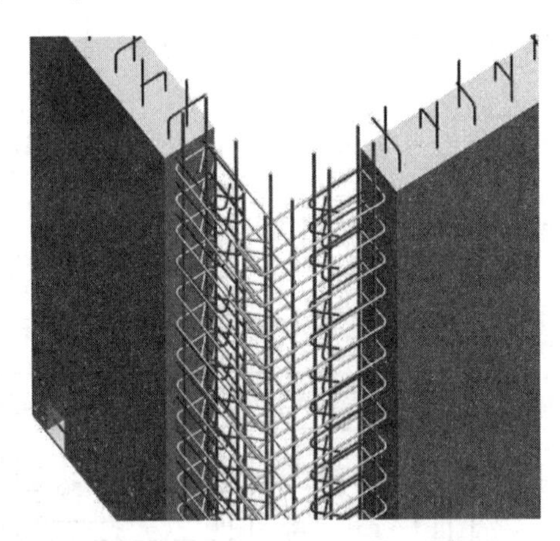

图 8-13　墙竖向“直角型”接缝

8.3.3 预制墙的竖向接缝混凝土工程量计算

（1）工程量计算规则

后浇混凝土体积以实体计算，不扣除混凝土内钢筋、预埋件及单个面积小于 0.3m^2 的孔洞所占的体积。

（2）计算方法

后浇混凝土体积计算方法为：墙厚×接缝宽度×接缝上下标高高差。

（3）墙厚相等时后浇混凝土的体积工程量计算

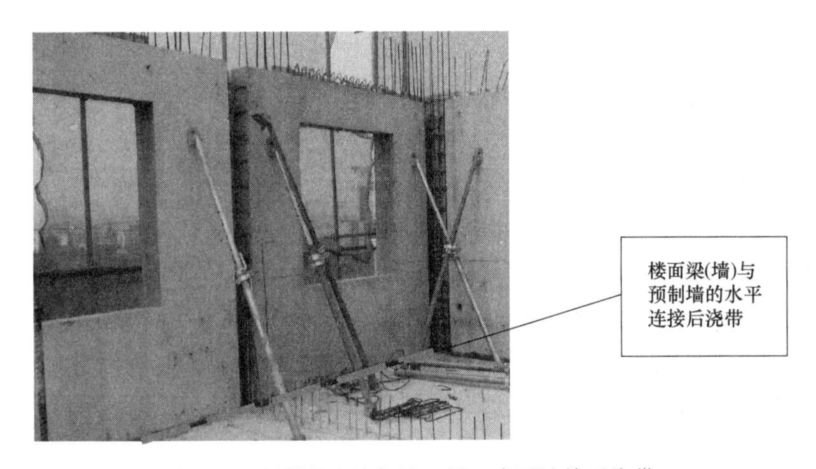

图 8-14 预制剪力墙与墙（梁）水平连接后浇带

当墙厚相同时，后浇混凝土体积计算公式为：墙厚×接缝中线长×接缝上下标高高差。

$$V=b_w\times l_E\times\Delta h_V$$

式中 b_w——预制墙厚度（m）；

l_E——接缝宽度（m）；

Δh_V——竖向接缝上下标高高差（m）。

【例 8-5】 预制剪力墙厚 200mm，抗震等级为 3 级，混凝土强度等级为 C35，剪力墙接头的标高范围为±0.000～4.200m，预制剪力墙的竖向接缝详图见图 8-15。计算该竖向接缝的后浇混凝土体积。

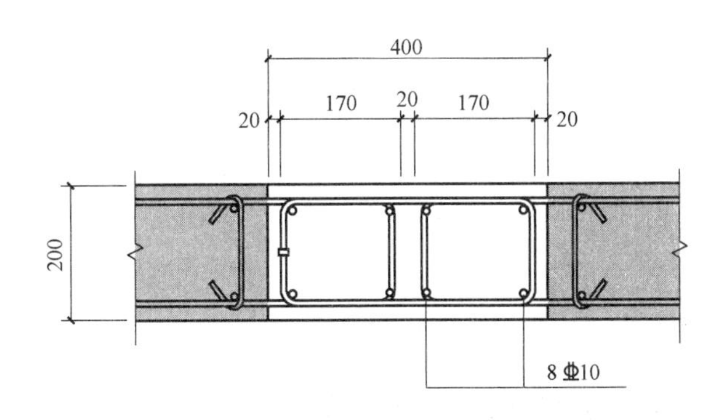

图 8-15 预制剪力墙的竖向接缝详图

解：根据计算公式得

$$V=b_w\times l_E\times\Delta h_V=0.2\times0.4\times(4.200-0.000)=0.336\text{m}^3$$

该墙板竖向缝后浇混凝土体积为 0.336m³。

(4) 当墙厚不相同时，应当对接头进行分割体积计算。

后浇带体积计算公式如下：

$$V=b_w\times l_{中}\times\Delta h_V$$

$$V=\sum_{i=1}^{n}V_i=V_1+V_2+,\cdots,+V_n$$

式中 b_w——预制墙厚度（m）；

$l_{中}$——接缝中线长度（m）；

Δh_V——竖向接缝上下标高高差（m）；

V_i——被分割的小块的接缝混凝土的体积。

（5）预制墙直角型竖向接缝工程量计算

【例 8-6】 预制剪力墙厚 200mm，抗震等级为 3 级，混凝土强度等级为 C35，剪力墙在转角墙处的竖向接缝详图见图 8-16，剪力墙接头的标高范围为±0.000～4.200m，计算该竖向接缝的后浇混凝土体积。

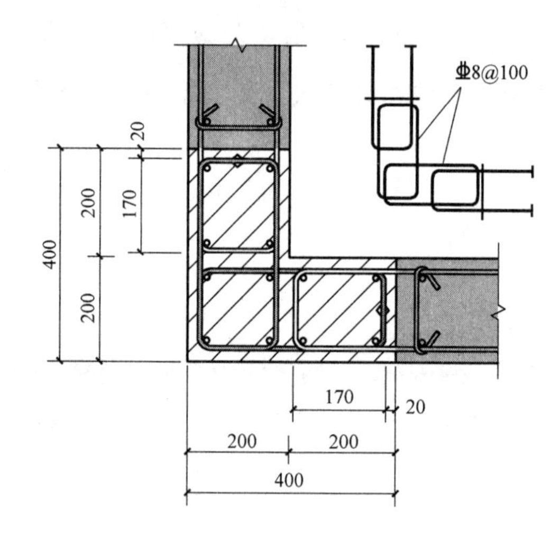

图 8-16 剪力墙在转角墙处的竖向接缝详图

解：

$V=b_w\times l_{中}\times\Delta h_V=0.2\times(0.4-0.1)+(0.4-0.1)\times(4.200-0.000)=0.504\text{m}^3$

或 $V=V_1+V_2=0.2\times(0.4+0.2)\times(4.200-0.000)=0.504\text{m}^3$

该竖向接缝后浇混凝土体积为 0.504m³。

8.3.4 预制墙的水平接缝混凝土工程量计算

（1）有关情况

接缝上下预制剪力墙厚度相同时（图 8-17），水平后浇混凝土的体积计算公式：墙厚×接缝上下墙宽×后浇段标高高差；若接缝上下预制墙的厚度发生变化时（图 8-18），后浇混凝土的厚度为上下预制墙墙厚的大值；当后浇段位于顶层时（图 8-19），后浇段的墙厚无变化，水平后浇混凝土的体积计算公式：墙厚（墙厚的大值）×接缝上下墙宽×后较段上下标高高差。

（2）计算公式

$$V=b_w\times l_w\times \Delta h_H$$

式中 b_w——接缝上下预制墙厚度的大值（m），若相等则取墙厚；

l_w——预制墙的宽度（m）；

Δh_H——水平接缝上下标高高差（m）。

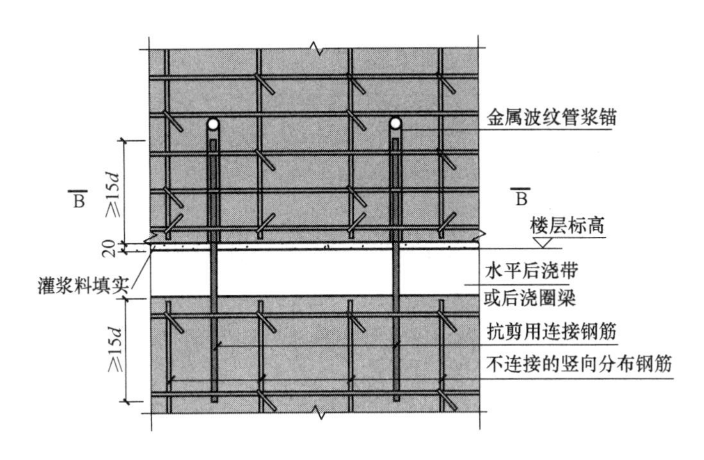

图 8-17　预制墙水平接缝墙厚无变化

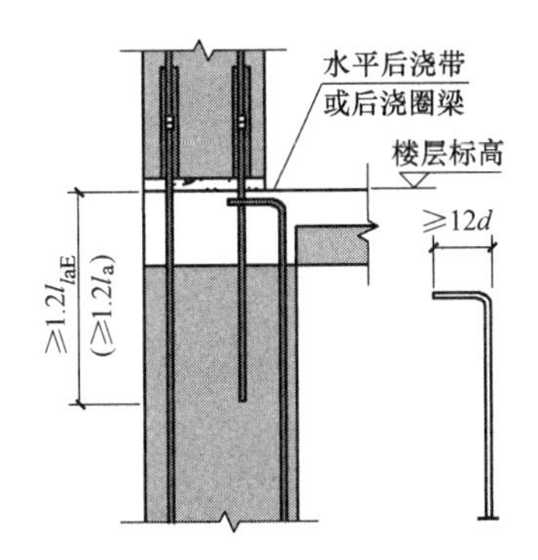

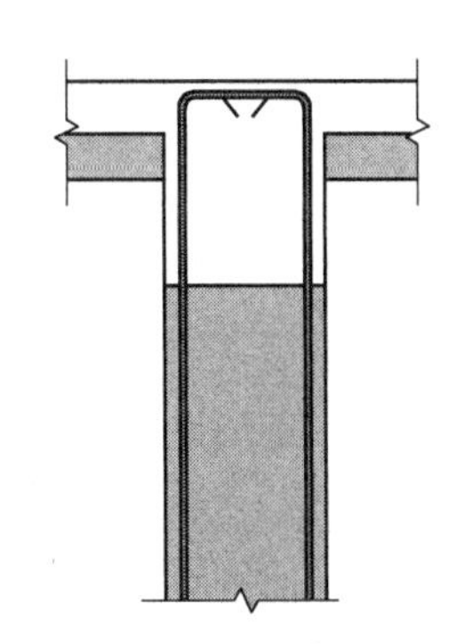

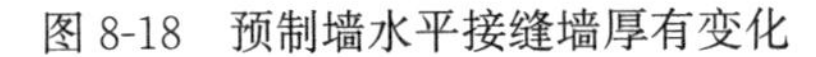

图 8-18　预制墙水平接缝墙厚有变化

图 8-19　预制墙水平接缝墙位于顶

【例 8-7】 预制剪力墙厚 200mm，接缝上下墙厚相同，预制墙的宽度为 2700mm，抗震等级为 3 级，混凝土强度等级为 C35，剪力墙在转角墙处的竖向接缝详图见图 8-20，剪力墙接头的标高范围为 4.000～4.200m，计算该水平接缝的后浇混凝土体积。

解：剪力墙的水平接缝较为规整，且上下墙厚相同，因此后浇混凝土的体积计算公式为：

$$V=b_w\times l_w\times \Delta h_H=0.200\times 2.700\times(4.200-4.000)=0.108\text{m}^3$$

该接竖向缝后浇混凝土体积为 0.108m³。

8.3.5 预制梁与预制墙的连接混凝土工程量计算

(1) 有关情况

预制梁（或现浇梁）与预制墙的连接（图 8-21），后浇混凝土的体积的计算主要包

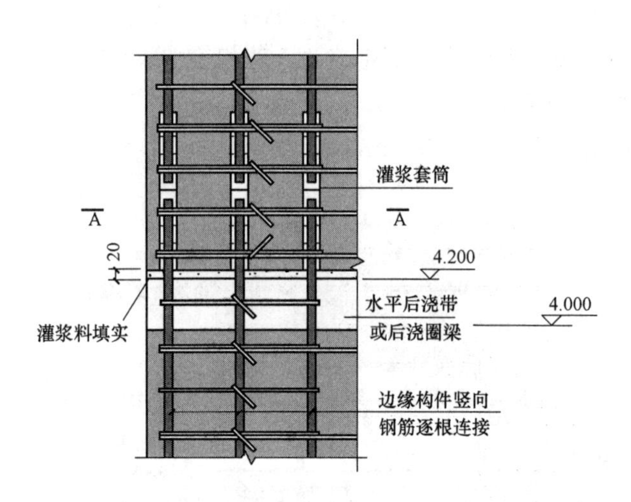

图 8-20　预制墙边缘构件的水平接缝构造大样（套筒灌浆连接）

括两部分：水平后浇圈梁的体积和预制墙的缺口部分。

（2）计算公式

后浇混凝土的体积计算如下：

$$V=V_1+V_2$$

$$V_1=b\times\Delta h\times l$$

$$V_2=b_w\times h'_w\times l'_w$$

式中　V_1——水平后浇圈梁（带）的体积；

b——水平后浇圈梁（带）的宽度；

Δh——水平后浇圈梁（带）的高度，即水平后浇圈梁（带）的标高高差；

l——水平后浇圈梁（带）的长度；

V_2——预制墙缺口的混凝土体积；

b_w——预制墙缺口的厚度；

h'_w——预制墙缺口的高度；

l'_w——预制墙缺口的长度。

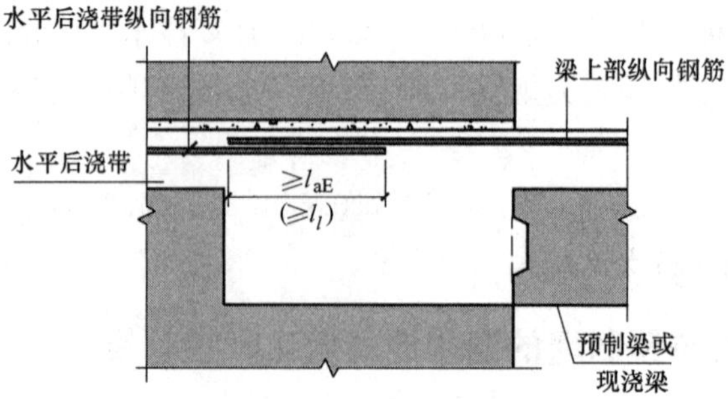

水平后浇带纵向钢筋
梁上部纵向钢筋
水平后浇带
$\geqslant l_{aE}$
$(\geqslant l_l)$
预制梁或
现浇梁

图 8-21　预制梁与缺口墙的接缝构造大样

【例 8-8】 已知预制梁与缺口墙的接缝构造详图见图 8-22，剪力墙的墙厚为 200mm，缺口墙的尺寸为 600mm×300mm，后浇圈梁的截面为 300mm×300mm，后浇圈梁的长度为 1200mm。计算后浇段的混凝土体积。

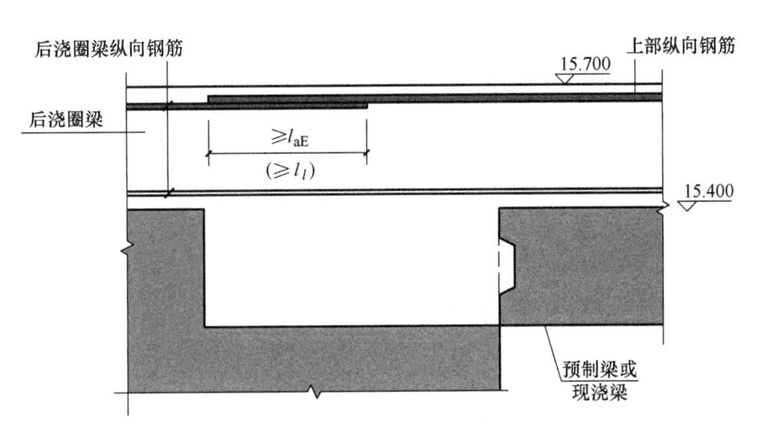

图 8-22 预制梁与缺口墙的接缝构造详图

解： 预制梁与缺口的接缝混凝土的体积主要由两部分构成：

$$V=V_1+V_2=0.3\times0.3\times1.2+0.6\times0.3\times0.2=0.144\text{m}^3$$

此接缝的混凝土后浇段体积为 0.144m³。

9 钢筋与模板工程量计算

9.1 钢筋工程量计算

9.1.1 概述

装配式结构后浇段钢筋的重点是节点处的钢筋，本节主要以剪力墙结构为例讲解后浇段钢筋工程量的计算。剪力墙接缝主要包括预制墙的竖向接缝，预制墙的水平接缝，连梁及楼面梁与预制墙的连接，各种接缝的钢筋构造要求在图集中都有具体的说明。

剪力墙接缝需要计算的钢筋称之为附加钢筋，包括箍筋、竖向受力筋和水平向受力筋。

附加钢筋主要由设计说明，且要满足配箍率及配筋率的要求。后浇混凝土钢筋工程量按设计图示钢筋的长度、数量乘以钢筋单位理论质量计算。

$$钢每米重量=0.00617\times d^2$$

钢筋接头的数量应按设计图示及规范要求计算，设计图示及规范要求未标明的，Φ10 以内的长钢筋按每 12m 一个接头计算；Φ10 以上的长钢筋按每 9m 一个接头计算；钢筋接头的搭接长度应按设计图示及规范要求计算，如设计要求钢筋采用机械连接、电闸压力焊及气压焊时，按数量计算，不再计算该处的钢筋搭接长度。

钢筋工程量应包括双层及多层钢筋的铁马的数量，不包括预制构件外露钢筋的数量。

9.1.2 受力筋及箍筋的构造要求

受拉钢筋的基本锚固长度见表 9-1。受拉钢筋的基本锚固长度根据结构的抗震等级、钢筋的种类及混凝土的强度等级进行查找，不同的锚固条件下需选用不同的修正系数。

受拉钢筋基本锚固长度 l_{ab}、l_{abE}　　　　表 9-1

钢筋种类	抗震等级	混凝土强度等级							
		C25	C30	C35	C40	C45	C50	C55	>C60
HPB300	一、二级	39*d*	35*d*	32*d*	29*d*	28*d*	26*d*	25*d*	24*d*
	三级	36*d*	32*d*	29*d*	26*d*	25*d*	24*d*	23*d*	22*d*
	四级、非抗震	34*d*	30*d*	28*d*	25*d*	24*d*	23*d*	22*d*	21*d*
HRB335 HRBF335	一、二级	38*d*	33*d*	31*d*	29*d*	26*d*	25*d*	24*d*	24*d*
	三级	35*d*	31*d*	28*d*	26*d*	24*d*	23*d*	22*d*	22*d*
	四级、非抗震	33*d*	29*d*	27*d*	25*d*	23*d*	22*d*	21*d*	21*d*

续表

钢筋种类	抗震等级	混凝土强度等级							
		C25	C30	C35	C40	C45	C50	C55	>C60
HRB400 HRBF400 RRB400	一、二级	46d	40d	37d	33d	32d	31d	30d	29d
	三级	42d	37d	34d	30d	29d	28d	27d	26d
	四级、非抗震	40d	35d	32d	29d	28d	27d	26d	25d
HRB500 HRBF500	一、二级	55d	49d	45d	41d	39d	37d	36d	35d
	三级	50d	45d	41d	38d	36d	34d	33d	32d
	四级、非抗震	48d	43d	39d	36d	34d	32d	31d	30d

箍筋及拉筋弯钩构造如图 9-1 所示；纵向钢筋末端弯钩锚固与机械锚固如图 9-2 所示。

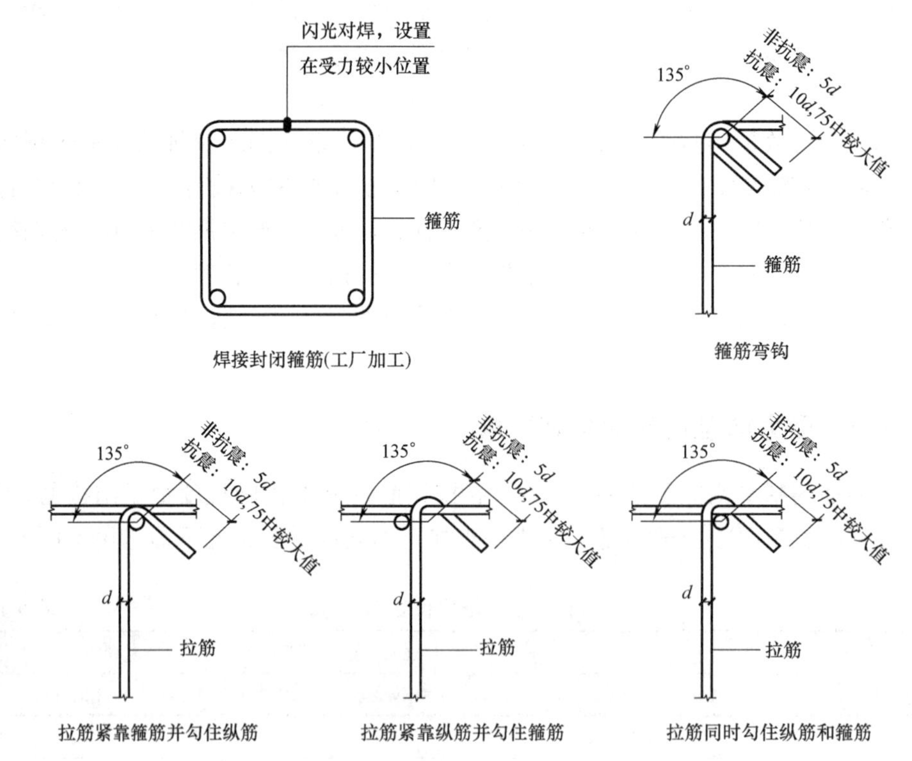

图 9-1　箍筋及拉筋弯钩构造

非抗震设计时，当构件受扭或柱中纵向受力筋的配筋率大于 3%，箍筋及拉筋弯钩平直段长度应为 10d。拉筋弯钩构造做法应有设计指定。

当纵向受拉普通钢筋末端采用弯钩或机械锚固时，包括弯钩锚固端头在内的锚固长度可取基本锚固长度的 60%。

箍筋弯折处的弯弧内径应符合图集第 14 页的要求，且不应小于所钩住纵筋的直径。

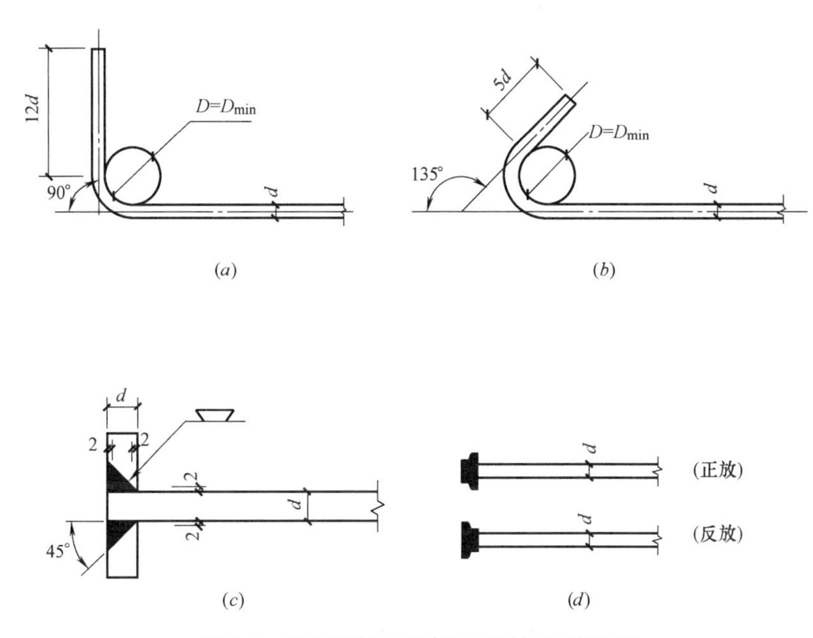

图 9-2 纵向钢筋末端弯钩锚固与机械锚固

(a) 末端带 90°弯钩；(b) 末端带 135°弯钩；(c) 末端穿孔塞焊锚板；(d) 末端带螺栓锚板

箍筋弯折处纵向钢筋为搭接钢筋或并筋时，应按钢筋实际排布情况确定箍筋弯弧内径；

焊缝和螺纹长度应满足承载力的要求，螺栓锚头的规格应符合相关标准的要求。螺栓锚板和焊接锚板的承压面积不应小于锚固钢筋截面面积的 4 倍。钢筋的连接包含机械连接，搭接和焊接三种方式，其中非边缘构件和边缘构件的钢筋连接要求不同，具体要求见图 9-3，后浇段的代号见表 9-2。

后浇段编号 **表 9-2**

后浇段类型	代号	序号
约束边缘构件后浇段	YHJ	××
构造边缘构件后浇段	GHJ	××
非边缘构件后浇段	AHJ	××

非边缘构件的竖向后浇段的钢筋连接分为有附加连接钢筋和无附加连接钢筋两类。无附加分布筋的主要计算竖向分布筋及箍筋和拉筋的工程量；有附加钢筋的还要包括附加受力筋的钢筋工程量，见图 9-4。

9.1.3 剪力墙后浇段钢筋工程量计算示例

【例 9-1】 某工程为装配式剪力墙结构，抗震等级为三级，环境类别为二 (b)，剪力墙墙厚 200mm，剪力墙的后浇段的配筋见表 9-3，其中 4～21 层的层高均为 2.8m，22 层的层高为 3.0m，共计 50.5m。约束边缘构件在 4 层以下，4 层以上不设置约束边缘构件。钢筋接头采用搭接连接，试分别计算后浇段 AHJ1、GHJ1、GHJ3 的钢筋工程量。

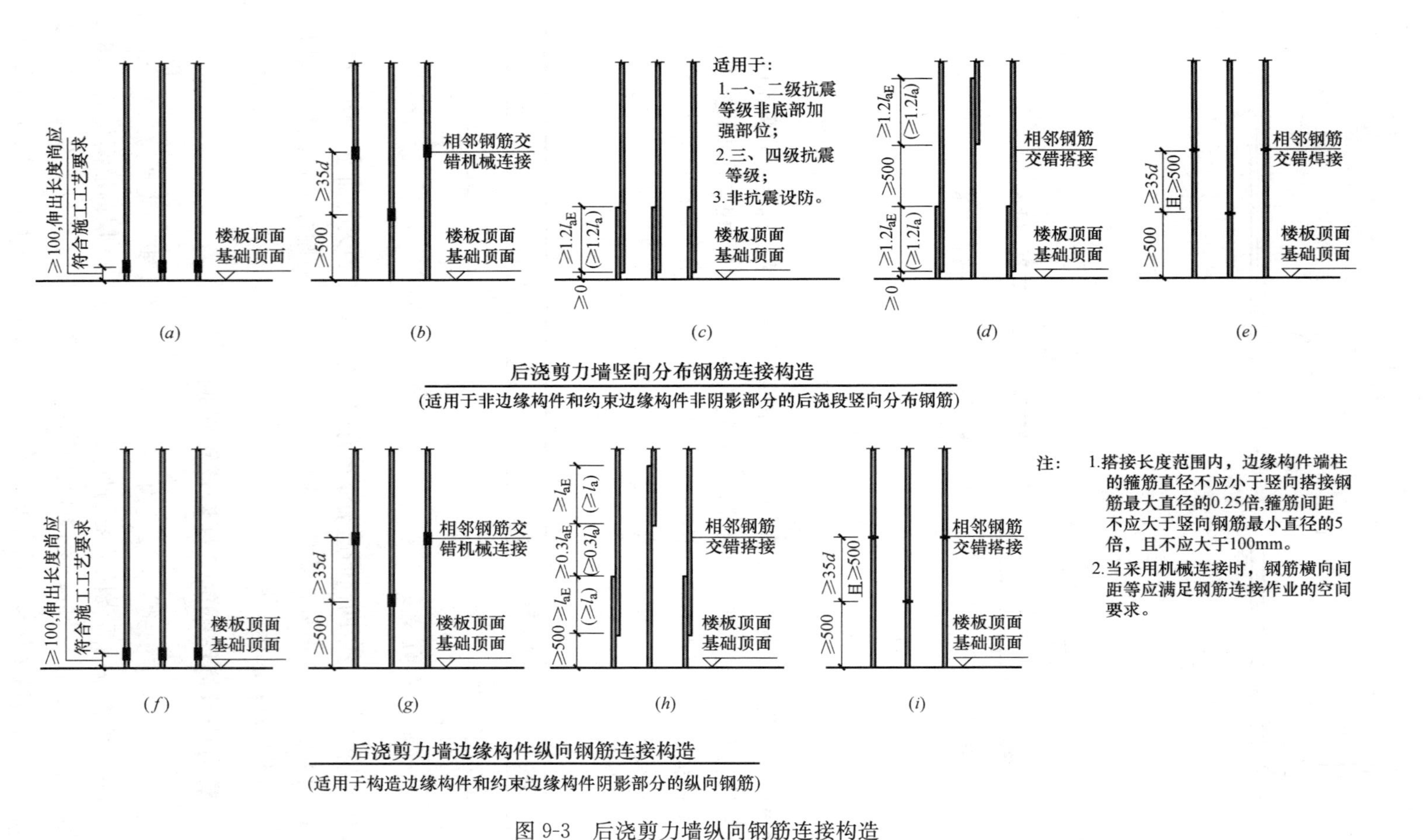

图 9-3 后浇剪力墙纵向钢筋连接构造

(*a*) Ⅰ级接头机械连接；(*b*) 机械连接；(*c*) 搭接（一）；(*d*) 搭接（二）；(*e*) 焊接；(*f*) Ⅰ级接头机械连接；(*g*) 机械连接；(*h*) 搭接；(*i*) 焊接

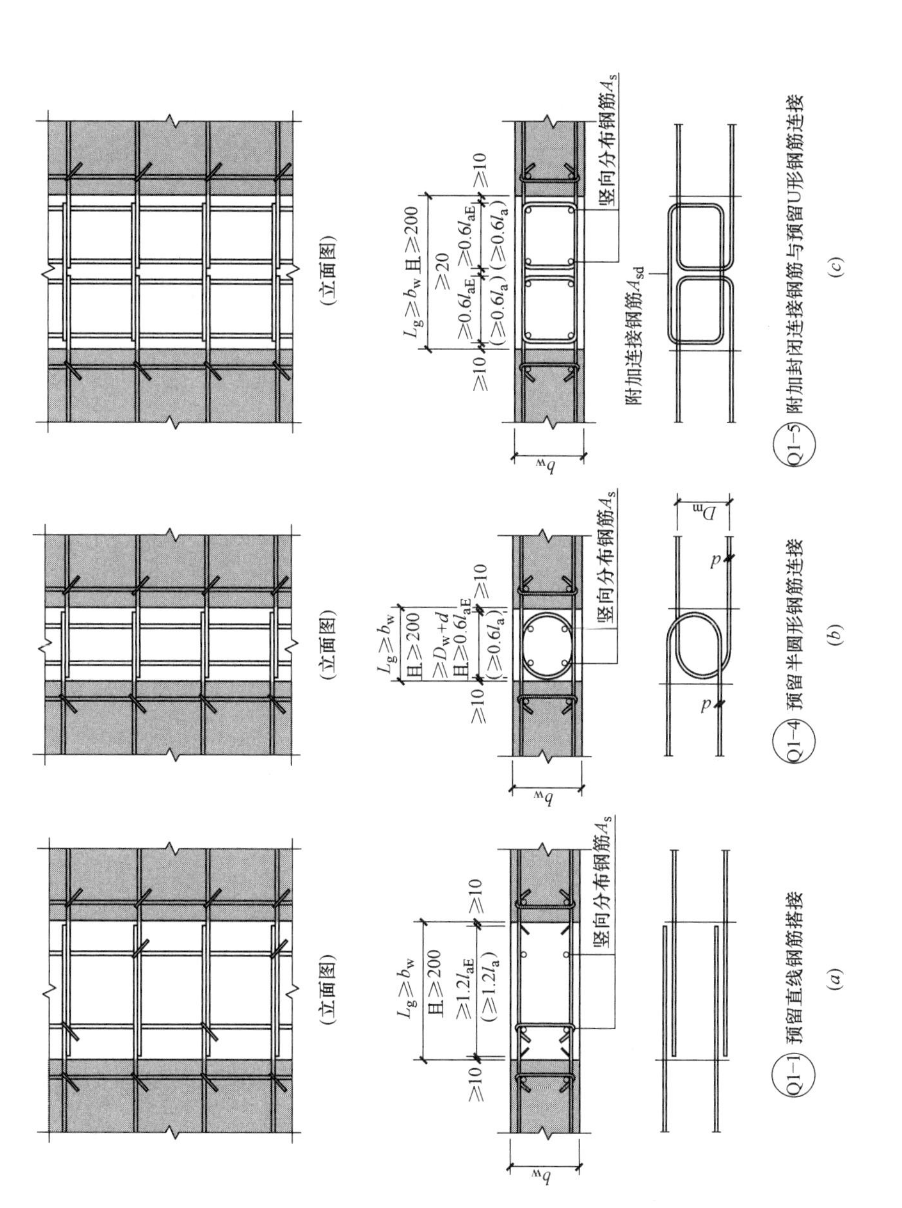

图 9-4 非边缘构件部分的预制墙之间的连接构造

(a)、(b) 无附加连接钢筋；(c) 有附加连接钢筋

某工程剪力墙的后浇段的配筋表　　表 9-3

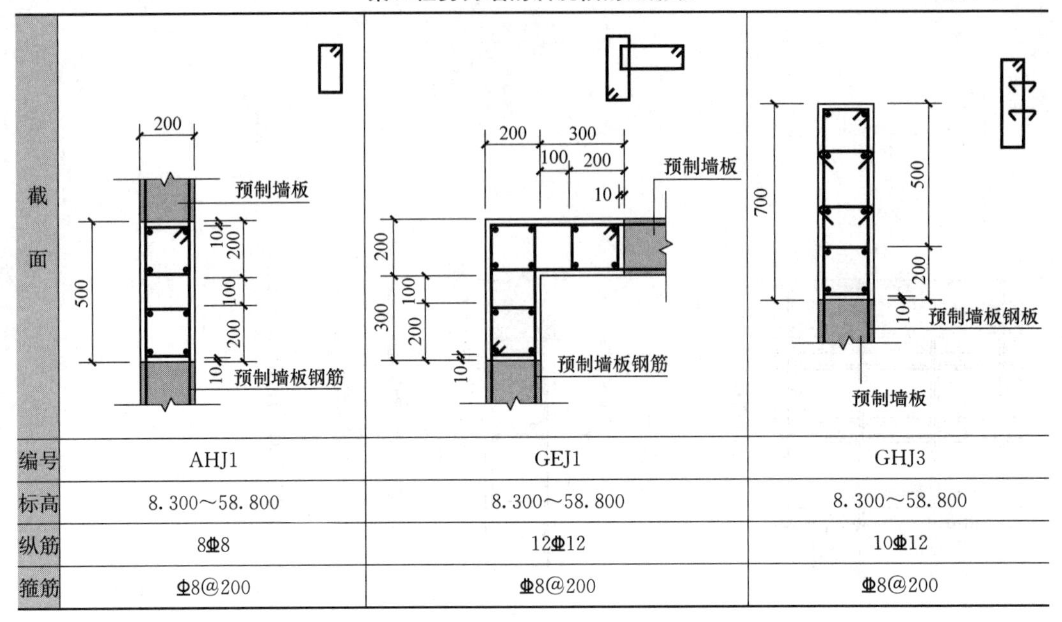

截面			
编号	AHJ1	GEJ1	GHJ3
标高	8.300～58.800	8.300～58.800	8.300～58.800
纵筋	8Φ8	12Φ12	10Φ12
箍筋	Φ8@200	Φ8@200	Φ8@200

解： AHJ1 属于非边缘后浇段，GHJ1、GHJ3 属于构造边缘后浇段，搭接方式采用搭接连接，钢筋搭接接头示意图见图 9-5。计算标高 8.300～58.000，钢筋工程量采用分层计算。由于 4～21 层的钢筋布置相同且层高相同，4～21 层以 4 层为例，22 层单独计算，计算见表 9-4～表 9-7。

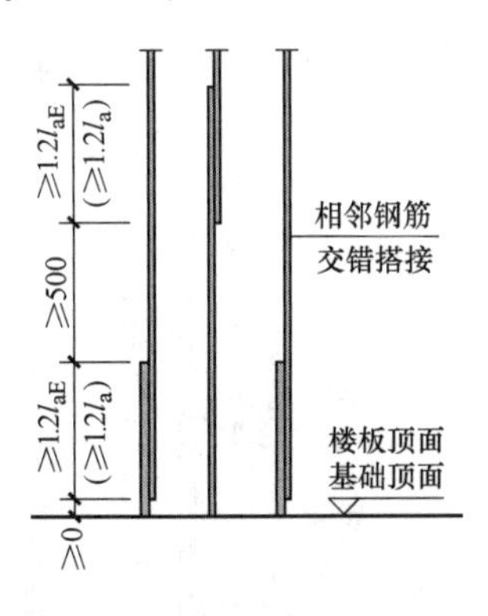

图 9-5　钢筋接头示意图

AHJ1 钢筋工程量计算表　　**表 9-4**

后浇带编号	AHJ1
基本参数	混凝土保护层厚度取 25mm； 竖向受力钢筋的伸出楼板顶面高度为： $1.2l_{aE}=1.2\times37d=1.2\times37\times8=355.2$mm，取 360mm 钢筋相邻交错搭接的间距取 500mm，顶层的纵筋的锚固长度为 12d，钢筋的错开搭接的数量各占一半。 箍筋为双肢箍，箍筋的弯头长度为 max(75mm，10d)＝80mm

续表

后浇带编号	AHJ1
竖向受力筋	4～21 层： 钢筋 1：2800＋360＝3160mm 钢筋 2：2800－360－500＋360×2＋500＝3160mm 钢筋 1、钢筋 2 总长：3160×8×17＝429760mm＝429.76m 22 层： 钢筋 1：3000－360－25＋12×8＝2711mm 钢筋 2：3000－360－500－25＋12×8＝2211mm 钢筋 1、钢筋 2 总长：2711×4＋2211×4＝19688mm＝19.688m
箍筋	每根箍筋长度：(200＋500)×2－4×25＋2×80＋1.9×8×2＝1490.4mm 4～21 每层箍筋根数：2800÷200＝14 根；22 层箍筋根数 15 根，总根数 253。 箍筋总长：253×1490.4＝377.071m
拉筋	每根拉筋的长度：200－25×2＋80×2＋1.9×8＝325.2mm 4～21 层每层拉筋的根数为：2800÷200×2＝28 根；22 层箍筋根数 30 根，总根数 506。 拉筋总长：506×325.2＝164.551m
钢筋总质量	钢筋总长 994.07m，总质量 994.07×0.00167×8^2＝106.246kg

GHJ1 钢筋工程量计算表 **表 9-5**

后浇带编号	GHJ1
基本参数	混凝土保护层厚度取 25mm。 竖向受力钢筋的伸出楼板顶面高度为 $1.2l_{aE}=1.2\times37d=1.2\times37\times12=532.8$mm，取 550mm。 钢筋相邻交错搭接的间距取 500mm，顶层的纵筋的锚固长度为 12d，钢筋的错开搭接的数量各占一半。 箍筋为双肢箍，箍筋的弯头长度为 max(75mm，10d)＝120mm
竖向受力筋	4～21 层： 钢筋 1：2800＋550＝3350mm 钢筋 2：2800－550－500＋550×2＋500＝3350mm 钢筋 1、钢筋 2 总长：3350×12×17＝683400mm＝683.400m 22 层： 钢筋 1：3000－550－25＋12×12＝2569mm 钢筋 2：3000－550－500－25＋12×12＝2069mm 钢筋 1、钢筋 2 总长：2569×6＋2069×6＝27828mm＝27.828m
箍筋	每根箍筋长度：(200＋500)×2－4×25＋2×80＋1.9×8×2＝1490.4mm 4～21 每层箍筋根数：2800÷200×2＝28 根；22 层箍筋根数 30 根，总根数 506 箍筋总长：506×1490.4＝754.142m
拉筋	每根拉筋的长度：200－25×2＋80×2＋1.9×8＝325.2mm 4～21 层每层拉筋的根数为：2800÷200×2＝28 根；22 层箍筋根数 30 根，总根数 506 拉筋总长：506×325.2＝164.551m
钢筋总质量	总质量：(683.4＋27.828)×0.00167×12^2＋(754.142＋106.246)×0.00167×8^2＝262.994kg

GHJ3 钢筋工程量计算表 表 9-6

后浇带编号	GHJ3
基本参数	混凝土保护层厚度取 25mm。 竖向受力钢筋的伸出楼板顶面高度为： $1.2l_{aE}=1.2\times37d=1.2\times37\times12=532.8$mm，取 550mm。 钢筋相邻交错搭接的间距取 500mm，顶层的纵筋的锚固长度为 12d。 箍筋为双肢箍，箍筋的弯头长度为 max(75mm，10d)＝120mm
竖向受力筋	4～21 层： 钢筋 1：2800＋550＝3350mm 钢筋 2：2800－550－500＋550×2＋500＝3350mm 钢筋 1、钢筋 2 总长：3350×10×17＝569500mm＝569.500m 22 层： 钢筋 1：3000－550－25＋12×12＝2569mm 钢筋 2：3000－550－500－25＋12×12＝2069mm 钢筋 1、钢筋 2 总长：2569×5＋2069×5＝23190mm＝23.190m
箍筋	每根箍筋长度：(200＋700)×2－4×25＋2×120＋1.9×12×2＝1985.6mm 箍筋总根数：253 根 箍筋总长：253×1985.6＝502.357m
拉筋	每根拉筋的长度：200－25×2＋80×2＋1.9×8＝325.2mm 4～21 层每层拉筋的根数为：2800÷200×2＝28 根；22 层箍筋根数 30 根，总根数 506。 拉筋总长：506×325.2＝164.551m
钢筋总质量	$(569.5+23.190)\times0.00167\times12^2+(502.357+164.551)\times0.00167\times8^2=213.809$kg

钢筋单位理论质量表（部分） 表 9-7

圆钢直径 d(型号)	理论重量 kg/m	圆钢直径 d(型号)	理论重量 kg/m
5.5	0.186	13	1.04
6	0.222	14	1.21
6.5	0.26	15	1.39
7	0.302	16	1.58
8	0.395	17	1.78
9	0.499	18	2
10	0.617	19	2.23
11	0.746	20	2.47
12	0.888	21	2.72

9.2 后浇段模板工程量计算

9.2.1 工程量计算规则

后浇混凝土模板工程量按后浇混凝土与模板接触面的面积以 m² 计算，伸出后浇混凝土与预制构件抱合的部分的模板面积不增加计算。不扣除单孔面积小于 0.3m^2 的孔洞，洞侧壁模板亦不增加，应扣除单孔面积大于 0.3m^2 的孔洞，孔洞侧壁模板面积应并入相应的墙、板模板工程量内计算。

9.2.2 有关说明

本节以实心剪力墙结构后浇段的模板工程为实例讲解后浇段模板工程量的计算。在实际工程中，预制墙的竖向接缝和水平向接缝是分开施工的，不存在接缝重合的部分，因此模板工程量可分别进行计算。

9.2.3 预制墙的竖向接缝模板工程量计算

竖向接缝无孔洞，且规整，伸出后浇混凝土与预制构件抱合的部分的模板面积不增加计算。

（1）计算公式

竖向接缝后浇段模板工程量的计算公式为：

模板工程量＝竖向接缝水平剖面外露周长×接缝上下标高高差

$$S_{后}=L_{总}\times\Delta h_V$$

式中 $S_{后}$——后浇混凝土模板面积（m^2）；

$L_{总}$——竖向接缝水平剖面外露周长（m）；

Δh_V——竖向接缝上下标高高差（m）。

【例 9-2】 某工程为装配式剪力墙结构，抗震等级为三级，环境类别为二（b），剪力墙墙厚 200mm，剪力墙的后浇段的配筋见表 9-8，试分别计算后浇段 GBZ1，GBZ7 的钢筋工程量。

剪力墙的后浇段的配筋表 表 9-8

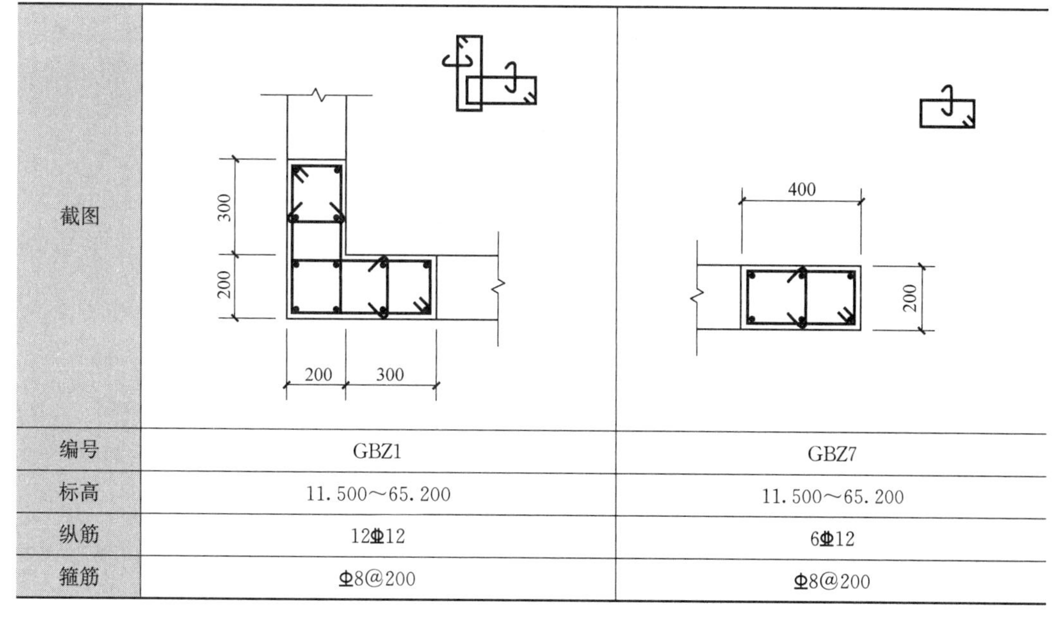

截图		
编号	GBZ1	GBZ7
标高	11.500～65.200	11.500～65.200
纵筋	12Φ12	6Φ12
箍筋	Φ8@200	Φ8@200

解：模板工程计算见表 9-9。

模板工程量计算 表 9-9

后浇段编号	模板工程量计算
GBZ1	$(0.5+0.5+0.3+0.3)\times(65.2-11.5)=85.92m^2$
GBZ7	$(0.4+0.2+0.4)\times(65.2-11.5)=53.7m^2$

9.2.4 预制墙的水平接缝模板工程量计算

预制墙水平接缝模板面积主要为后浇混凝土竖向外露的面积，相同宽度的预制墙进行连接使。

计算公式如下：

水平后浇模板面积等于墙宽×后浇段标高高差

$$S_{后}=l_w\times\Delta h_H$$

式中 $S_{后}$——后浇混凝土模板面积（m^2）；

l_w——预制墙墙宽（m）；

Δh_H——水平接缝上下标高高差（m）

【例 9-3】 剪力墙剪力墙厚 200mm，接缝上下墙厚相同，预制墙的宽度为 2700mm，抗震等级为三级，混凝土强度等级为 C35，剪力墙接头的标高范围为 4.000～4.200m，计算该水平接缝的模板工程量。

解：该水平接缝的模板工程量为：

$$S_{后}=l_w\times\Delta h_H=2.7\times0.2=0.54m^2$$

水平接缝的模板工程量为 $0.54m^2$。

10 预埋铁件与套筒注浆工程量计算

10.1 预埋铁件工程量计算

10.1.1 计算规则

混凝土构件预埋铁件、螺栓按设计尺寸以质量计算工程量。

10.1.2 预埋铁件工程量计算

1. 计算预制柱 M-3a 预埋铁件工程量

(1) 预埋铁件大样图与照片（图 10-1）

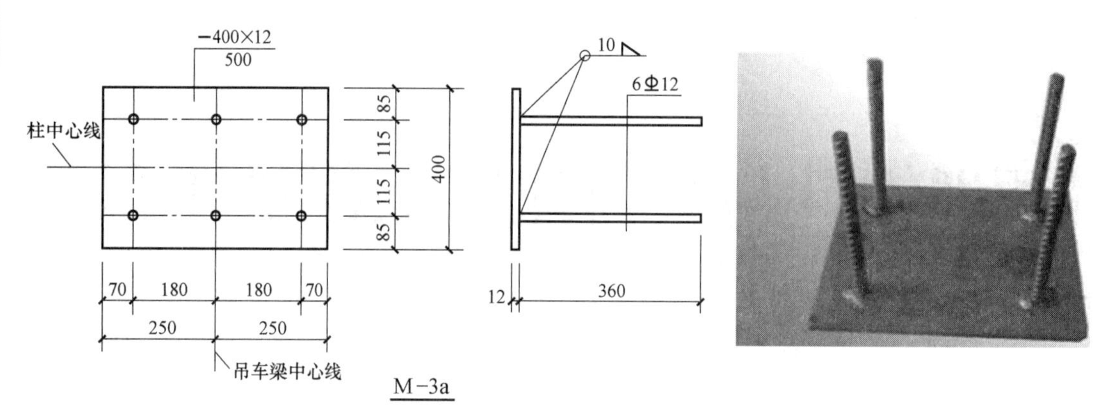

图 10-1 M-3a 铁件大样图与照片

(2) 工程量计算

【例 10-1】 计算 6 块 M-3a 预埋铁件工程量。

M-3a 预埋件工程量＝(0.4×0.5×0.012×7850＋0.36×6×0.888)×6 块

＝20.758×6

＝124.55kg

6 块 M-3a 预埋铁件工程量为 124.55kg。

2. 计算预制柱 M-8 预埋铁件工程量

(1) 预埋铁件大样图与照片（图 10-2）

(2) 工程量计算

【例 10-2】 计算 6 块 M-8 预埋铁件工程量。

M-8 预埋件工程量＝(0.18×0.5×0.014×7850＋0.372×8×0.006165×12×12)×6 块

＝12.533×6

＝75.20kg

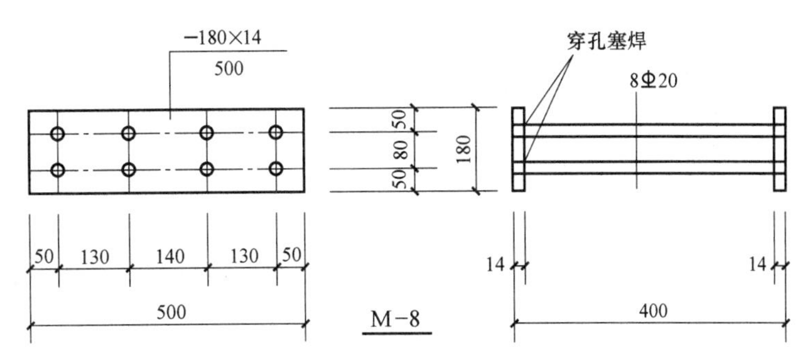

图 10-2　M-8 预埋件大样图

6 块 M-8 预埋铁件工程量为 75.20 kg。

3. 计算预制柱 M-13 预埋铁件工程量

(1) 预埋铁件大样图与照片（图 10-3）

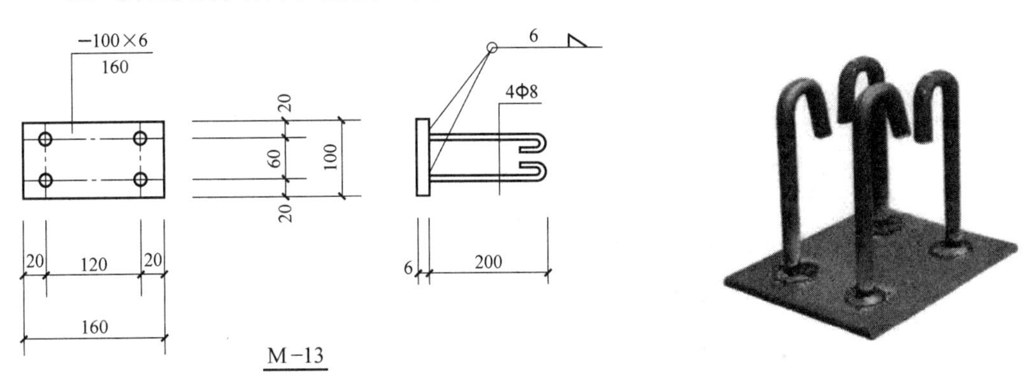

图 10-3　M-13 预埋铁件大样图

(2) 工程量计算

【例 10-3】 计算 6 块 M-13 预埋铁件工程量。

M-13 预埋件工程量＝(0.10×0.16×0.006×7850＋(0.20＋6.25×4×0.008)×0.006165×8×8)×6 块

＝0.911×6

＝5.47kg

6 块 M-13 预埋铁件工程量为 75.20 kg。

4. 计算装配式楼梯段连接预埋件工程量

(1) 装配式楼梯段及连接预埋件施工图

装配式楼梯间剖面图、连接部大样图及预埋件大样图见图 10-4～图 10-6。

(2) 工程量计算

【例 10-4】 根据图 10-7、图 10-8 计算 4 跑楼梯段连接螺栓预埋件工程量。

解： 每一跑楼梯上下各两个连接螺栓，4 跑楼梯段共 16 根螺栓。

每根螺栓质量＝0.68×25×25×0.006165

＝0.68×3.853

＝2.62kg

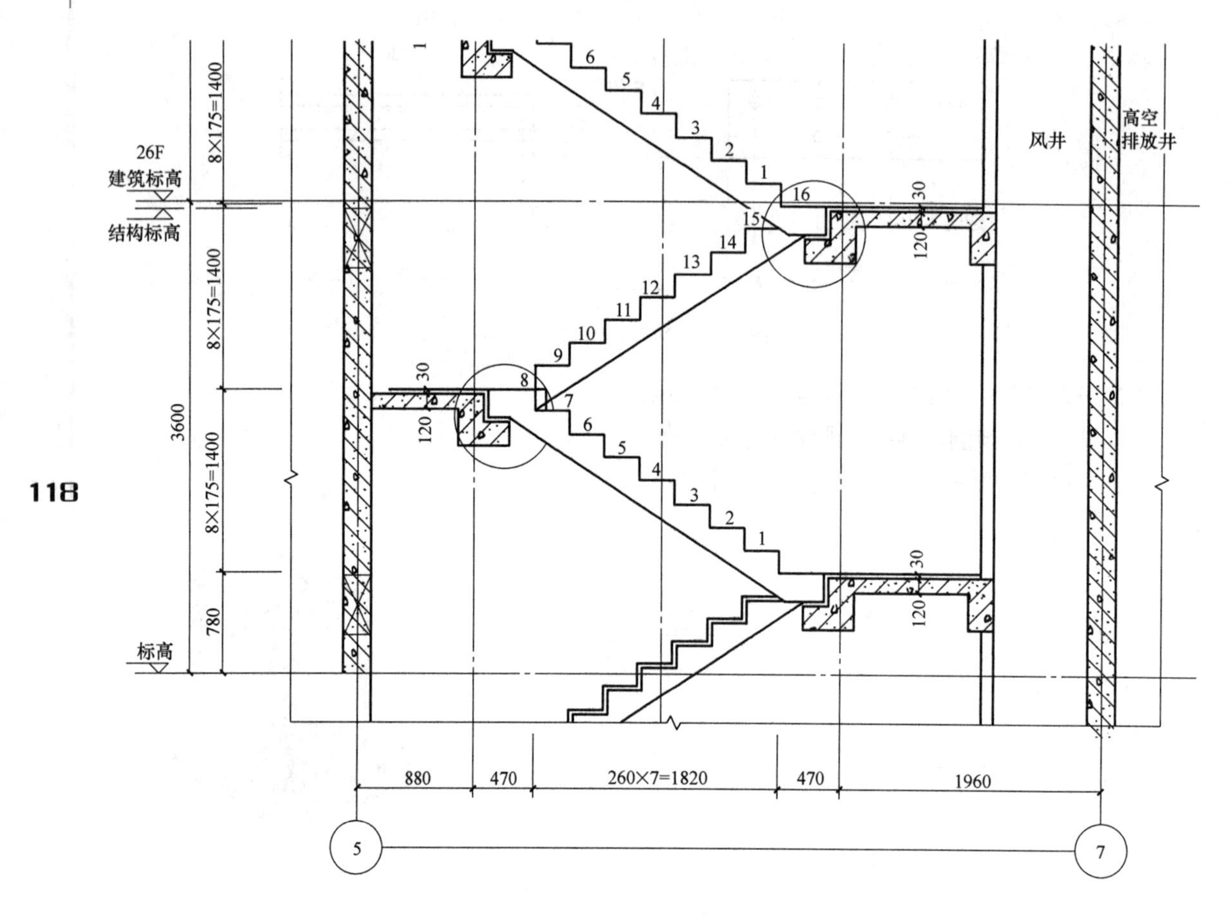

图 10-4　装配式楼梯间剖面图

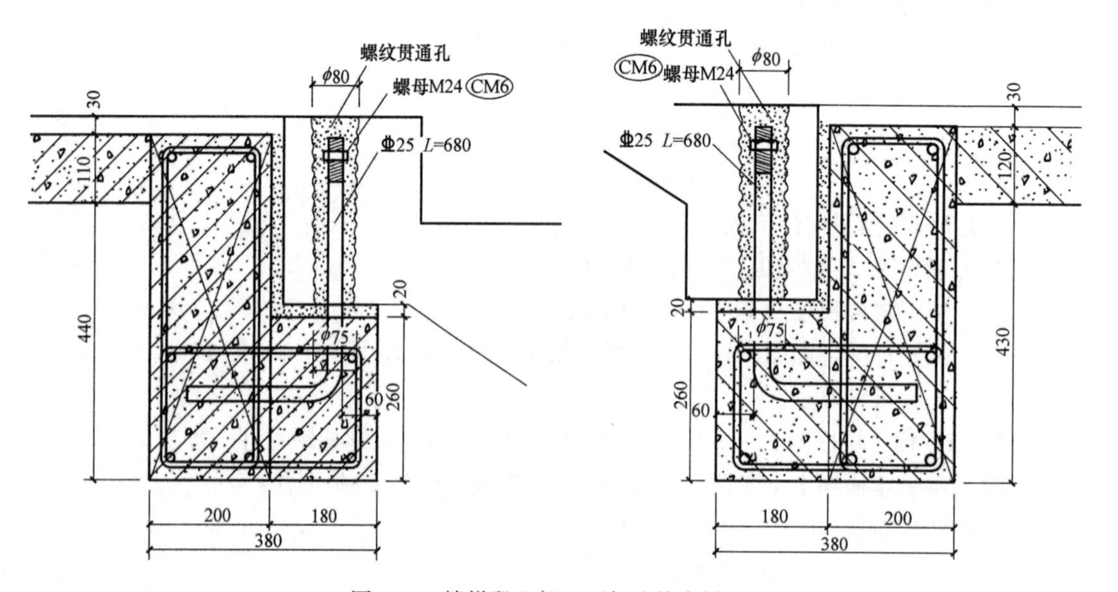

图 10-5　楼梯段上部、下部连接大样图

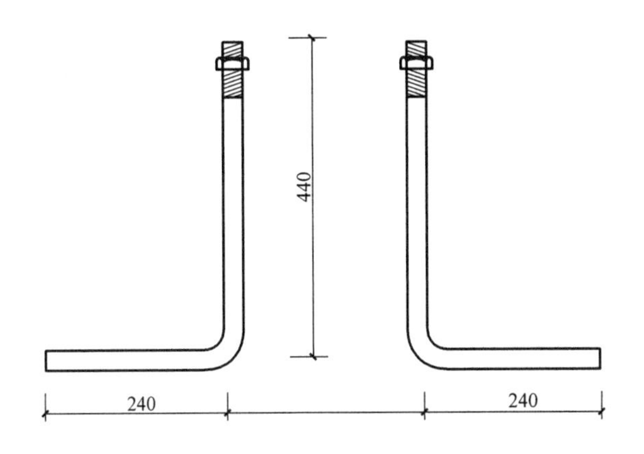

图 10-6 楼梯段上部、下部连接螺栓大样图

每个 M24 螺母质量＝0.089kg（查五金手册）

16 根楼梯段连接螺栓质量＝(2.620＋0.089)×16

＝2.709×16

＝43.34kg

4 跑楼梯段 16 根连接螺栓质量为 43.34kg。

5. 计算楼梯栏杆预埋件工程量

（1）楼梯栏杆预埋件施工图（图 10-8）

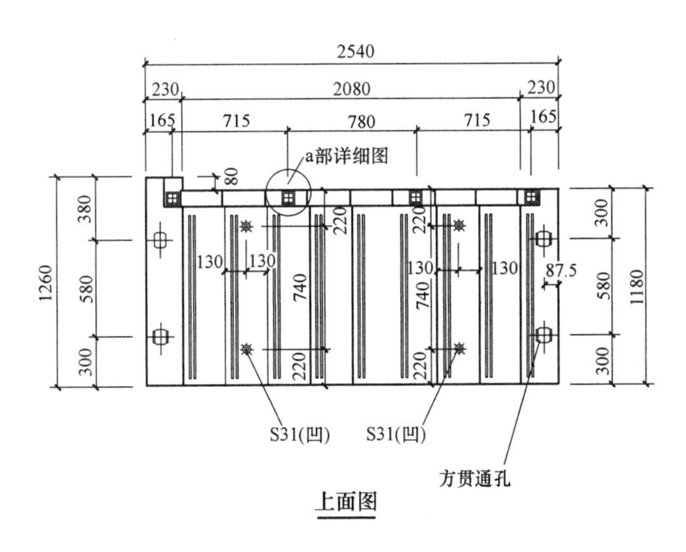

图 10-7 楼梯段平面图

（2）工程量计算

【例 10-5】 根据图 10-7～图 10-9 计算 6 跑楼梯连接楼梯栏杆预埋件工程量。

解： 每一跑楼梯 4 块预埋件，4 跑楼梯段共 24 块预埋件。

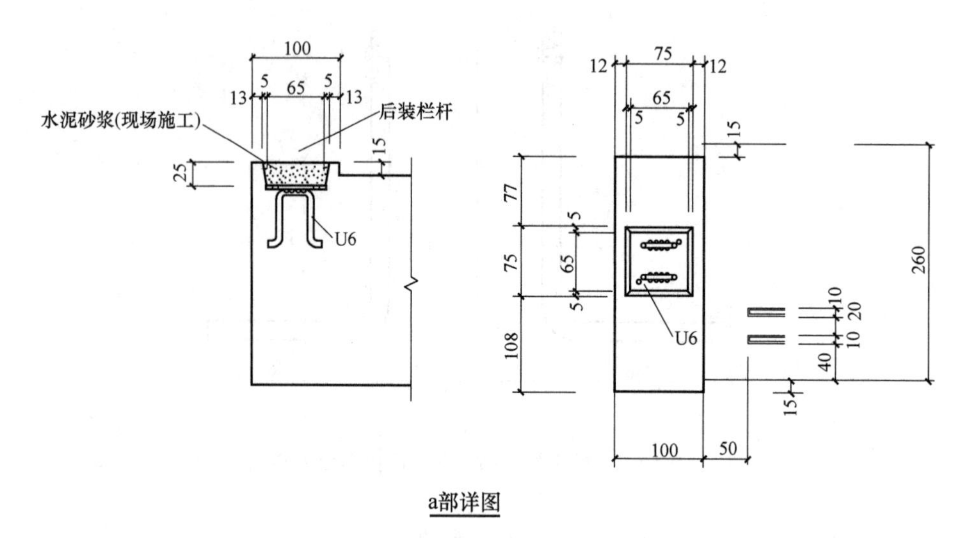

图 10-8　楼梯栏杆预埋件位置图

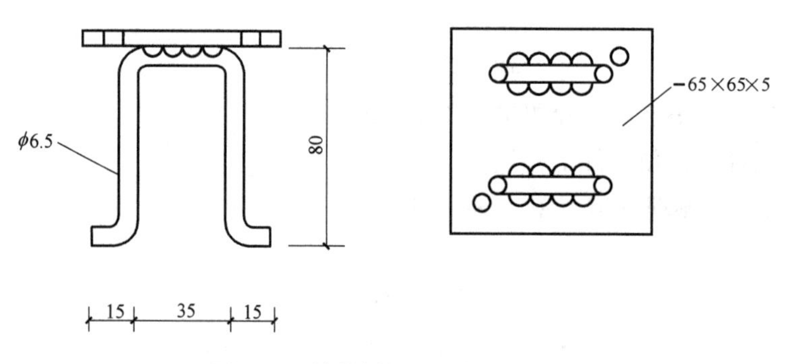

图 10-9　楼梯栏杆预埋件大样图

每块预埋件质量=[0.065×0.065×0.005×7850+(0.015+0.035+0.015+0.08×2 边)×2 根×6.5×6.5×0.006165]×24 块

=(0.166+0.117)×24

=6.79kg

4 跑楼梯段共 24 块预埋件质量为 6.79kg。

10.2　套筒注浆工程量计算

10.2.1　钢筋套筒分类

1. 注浆套筒（图 10-10）

图 10-10　注浆套筒

2. 螺纹套筒（图 10-11）

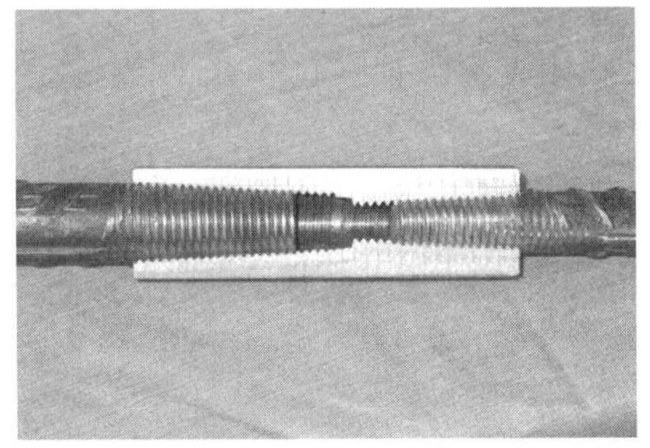

图 10-11　螺纹套筒

3. 冷挤压套筒（图 10-12）

图 10-12　冷挤压套筒

10.2.2 灌浆套筒施工工艺

注浆套筒施工工艺、安装等见图 10-13～图 10-23。

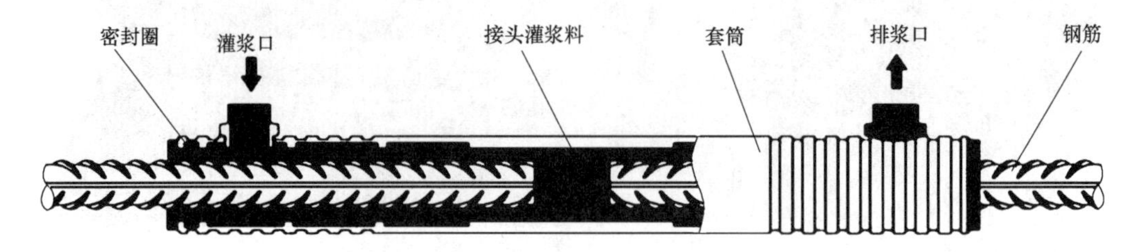

图 10-13 注浆套筒工艺（一）

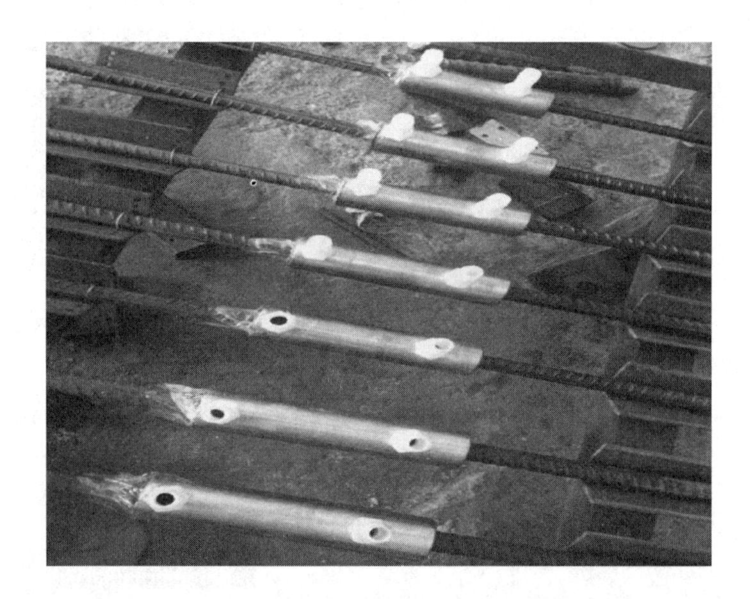

图 10-14 注浆套筒工艺（二）

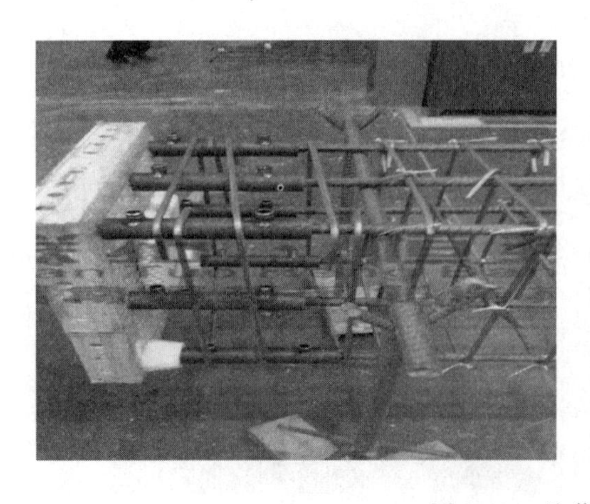

图 10-15 注浆套筒工艺（三）

图 10-16 柱钢筋插入注浆套筒

图 10-17 套筒机械注浆

图 10-18 套筒人工注浆

图 10-19 预制梁注浆套筒安装

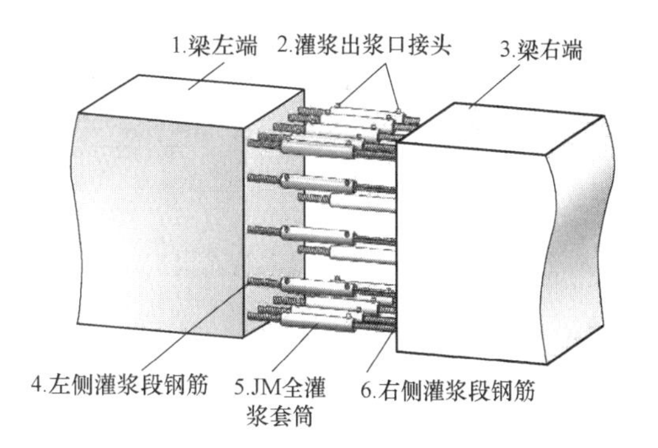

图 10-20 预制梁注浆套筒示意

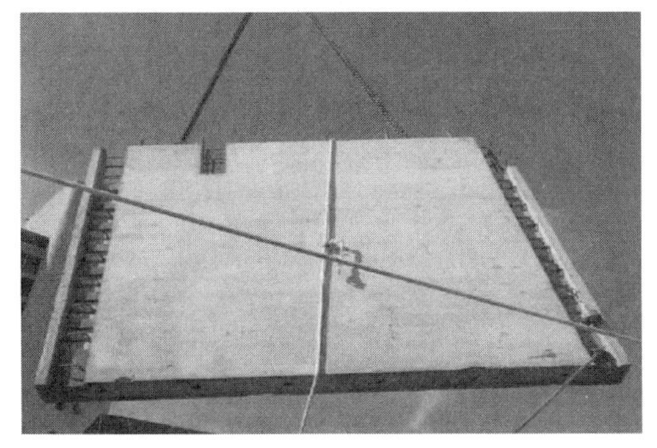

图 10-21 预制墙吊装

图 10-22 钢筋插入预制墙

图 10-23　预制墙人工注浆

10.2.3　螺纹套筒施工工艺

螺纹套筒施工工艺见图 10-24～图 10-26。

图 10-24　螺纹套筒一端连接钢筋

图 10-25　螺纹套筒两端连接钢筋

图 10-26　螺纹套筒连接的构件钢筋

10.2.4　冷挤压套筒施工工艺

冷挤压套筒相关施工工艺见图 10-27～图 10-30。

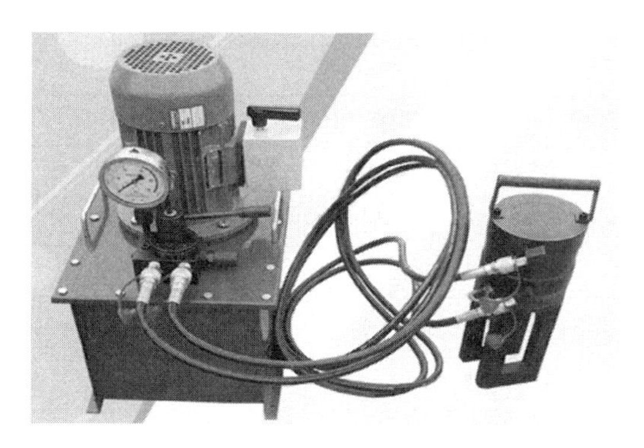

图 10-27　冷挤压套筒设备

图 10-28　冷挤压钢筋套筒操作

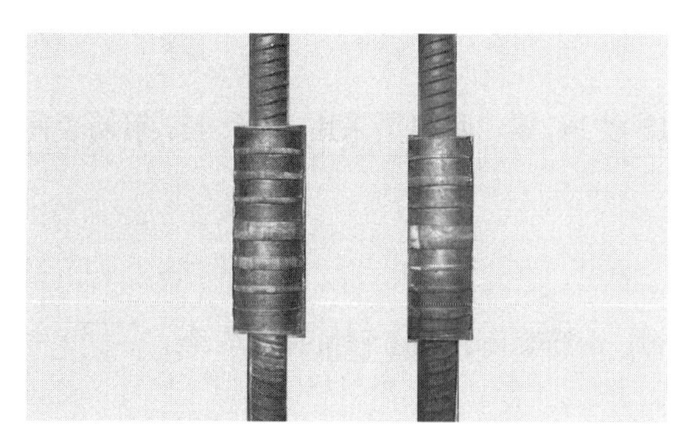

图 10-29　套筒冷挤压后连接的钢筋

图 10-30　套筒冷挤压连接钢筋的构件

10.2.5　套筒注浆工程量计算

1. 套筒灌浆消耗量定额（表 10-1）

套筒注浆消耗量定额 **表 10-1**

7. 套筒注浆

工作内容：结合面清理、注浆料搅拌、注浆、养护、现场清理。 计量单位：10 个

定额编号				1-26	1-27
项　目				套筒注浆	
				钢筋直径(mm)	
				$\leqslant\phi18$	$>\phi18$
名称			单位	消耗量	
人工	合计工日		工日	0.220	0.240
	其中	普工	工日	0.066	0.072
		一般技工	工日	0.132	0.144
		高级技工	工日	0.022	0.024
材料	灌浆料		kg	5.630	9.470
	水		m^3	0.560	0.950
	其他材料费		%	3.000	3.000

2. 套筒注浆工程量计算示例

【例 10-6】 某混凝土装配式建筑工程 15 根 PC 梁，每根梁采用 30 个 $\phi25$ 钢筋套筒注浆，计算其工程量。

解：

$\phi25$ 套筒注浆工程量＝30×15＝450 个

该混凝土装配式建筑工程 15 根 PC 梁 $\phi25$ 钢筋套筒注浆工程量为 450 个。

11

预制构件工程量计算

11.1 预制叠合板工程量计算

11.1.1 工程量计算规则

按图纸设计尺寸以体积计算（m^3），不扣除≤$0.30m^2$ 孔洞所占体积。

11.1.2 叠合板相关知识

叠合板制作、堆放、安装等见图 11-1～图 11-3。

图 11-1 叠合板制作与堆放

图 11-2 叠合板安装

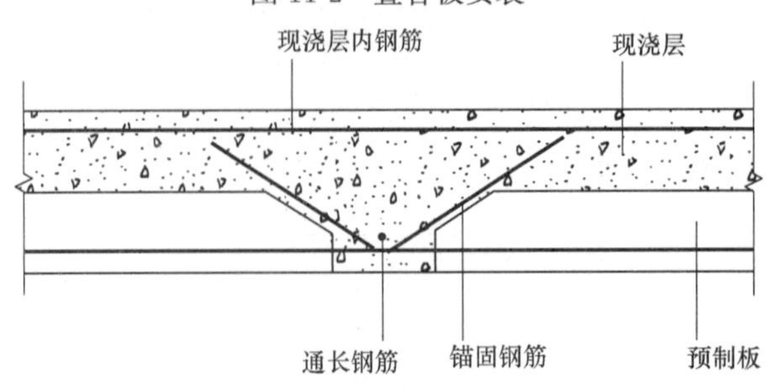

图 11-3 预制叠合板与现浇楼板示意图

11.1.3 叠合板施工图

预制叠合板施工图见图 11-4。

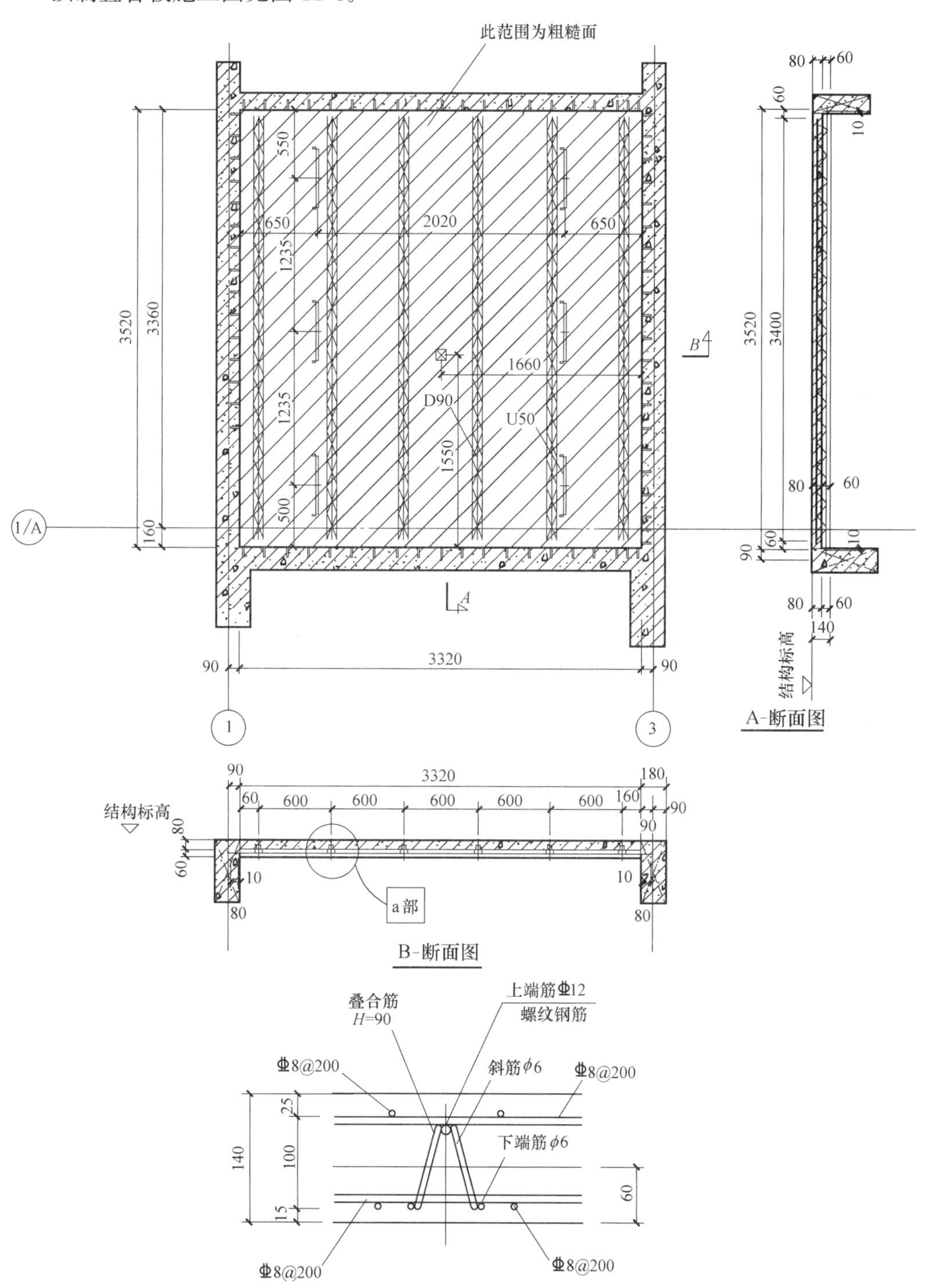

图 11-4 预制叠合板（一）平面图、断面图、大样图

注：大样图中预制叠合板厚度 60mm，现浇楼板厚度 80mm

11.1.4 叠合板工程量计算公式

预制叠合板工程量＝板长×板宽×板厚－大于 0.30m^2 孔洞所占体积

11.1.5 叠合板工程量计算示例

【例 11-1】 计算图 11-4 中 8 块预制 C30 混凝土叠合板（一）工程量。

解：

板长 3.52m；板宽 3.32m；板厚 0.06m。

$V=8\times3.52\times3.32\times0.06$

$\underline{=8\times0.701}$

$=5.608=5.61m^3$

8 块预制 C30 混凝土叠合板（一）工程量为 5.61m^3。

【例 11-2】 计算图 11-5 中 12 块（每一层 2 块，共 6 层）预制 C30 混凝土叠合板（二）工程量。

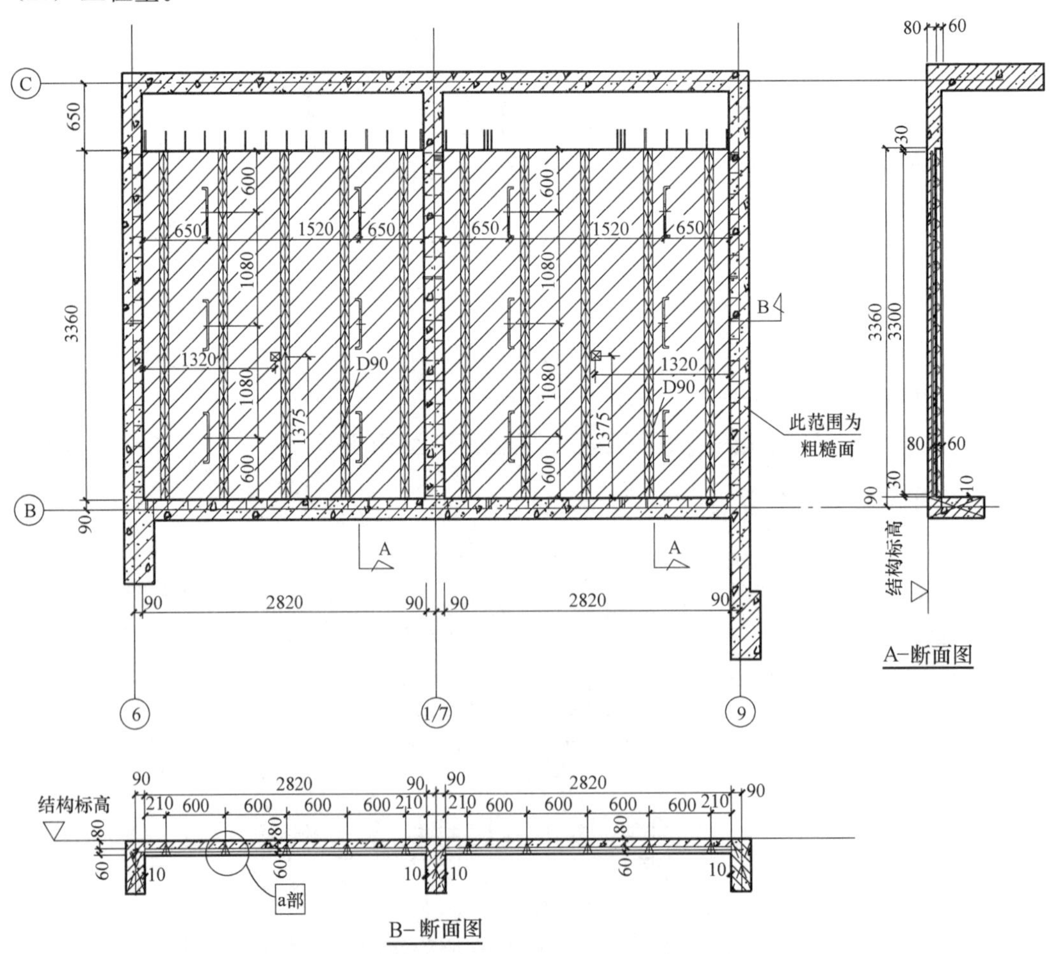

图 11-5 预制叠合板（二）平面图、断面图、大样图（一）

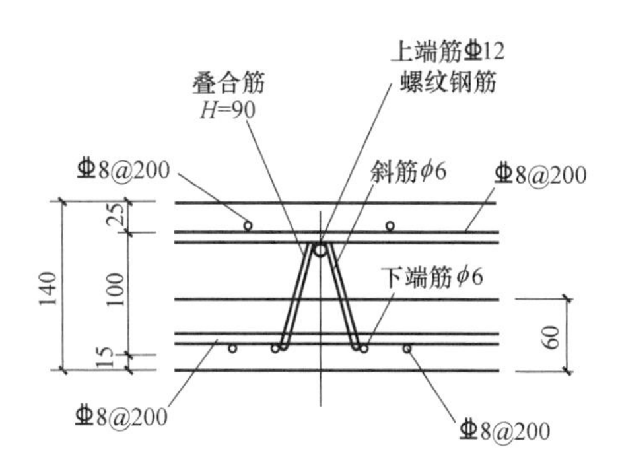

图 11-5　预制叠合板（二）平面图、断面图、大样图（二）

注：大样图中预制叠合板厚度 60mm，现浇楼板厚度 80mm

解：

板长 3.36m；板宽 2.82m；板厚 0.06m。

$V=12\times3.36\times2.28\times0.06$

$=12\times0.4596$

$=5.52\text{m}^3$

12 块预制 C30 混凝土叠合板（二）工程量为 5.52m^3。

11.2　预制混凝土柱工程量计算

11.2.1　工程量计算规则

预制柱制运安工程量按图纸设计尺寸以体积计算（m^3），不扣除构件内钢筋、铁件以及≤0.30m^2 孔洞所占体积。

11.2.2　计算公式

预制柱工程量＝柱断面长×柱断面宽×柱高－大于 0.30m^2 孔洞所占体积

11.2.3　预制（PC）柱

预制（PC）柱的堆放、安装等细节见图 11-6～图 11-8。

图 11-6　预制柱堆放与安装

图 11-7　预制柱安装就位后灌浆

图 11-8　预制柱与叠合梁节点

11.2.4　预制柱施工图

预制柱施工图见图 11-9～图 11-11。

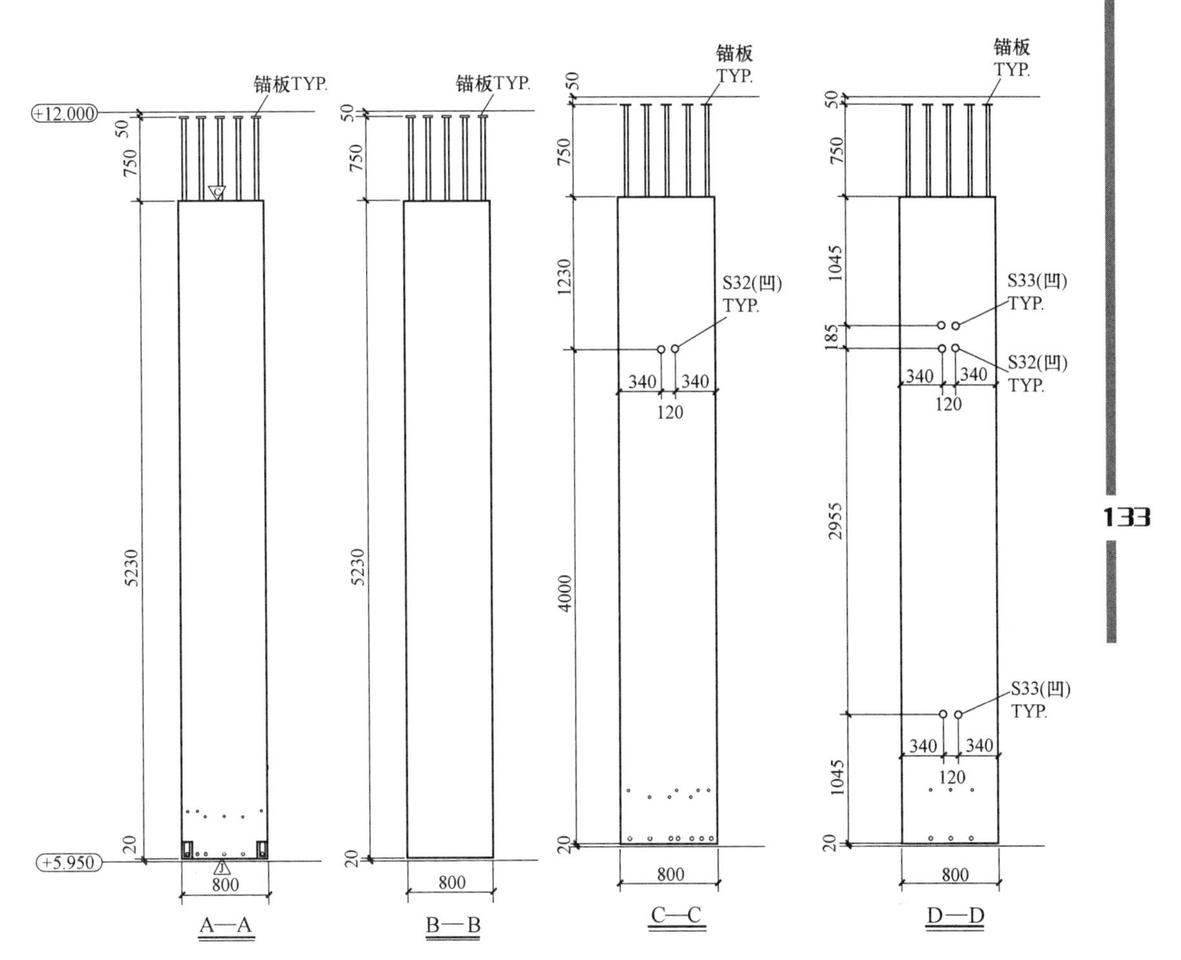

图 11-9 预制柱 A—A、B—B 立面图　　图 11-10 预制柱 C—C、D—D 立面图

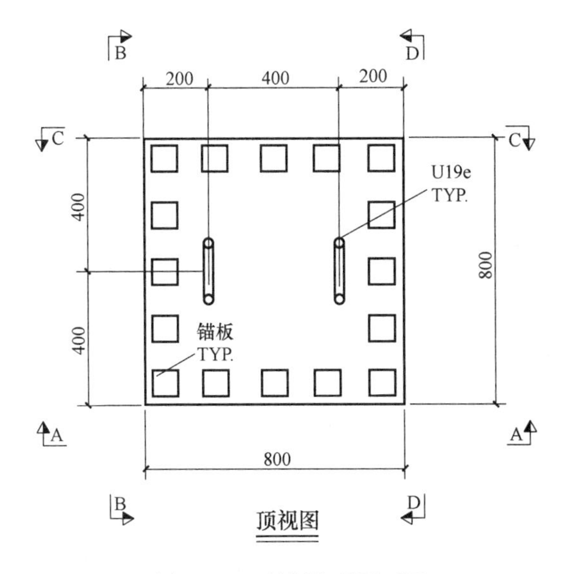

图 11-11 预制柱顶平面图

11.2.5 预制柱工程量计算示例

【例 11-3】 根据图 11-9～图 11-11 计算 12 根 C30 混凝土预制柱工程量。

解： 柱截面尺寸 800mm×800mm；柱高 5.23m。

预制柱工程量＝柱断面长×柱断面宽×柱高

＝0.80×0.80×5.23×5 根

＝3.347×5

＝16.74m^3

12 根 C30 混凝土预制柱工程量为 16.74m^3。

11.3 预制梁工程量计算

11.3.1 工程量计算规则

预制梁工程量按图纸设计尺寸以体积计算（m^3），不扣除构件内钢筋、铁件以及≤0.30m^2 孔洞所占体积。

11.3.2 计算公式

预制叠合梁工程量＝梁高×梁宽×梁长－槽口体积

11.3.3 叠合梁

叠合梁的预制、安装等见图 11-12～图 11-14。

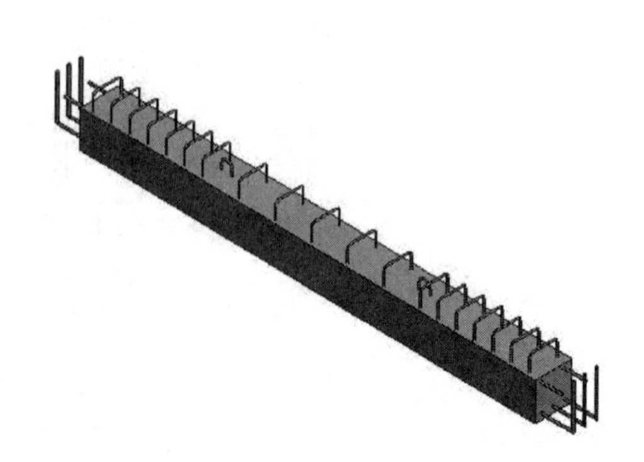

图 11-12 预制叠合梁

图 11-13　安装叠合梁

图 11-14　叠合梁与预制柱套筒连接

11.3.4　叠合梁施工图

叠合梁施工图见图 11-15。

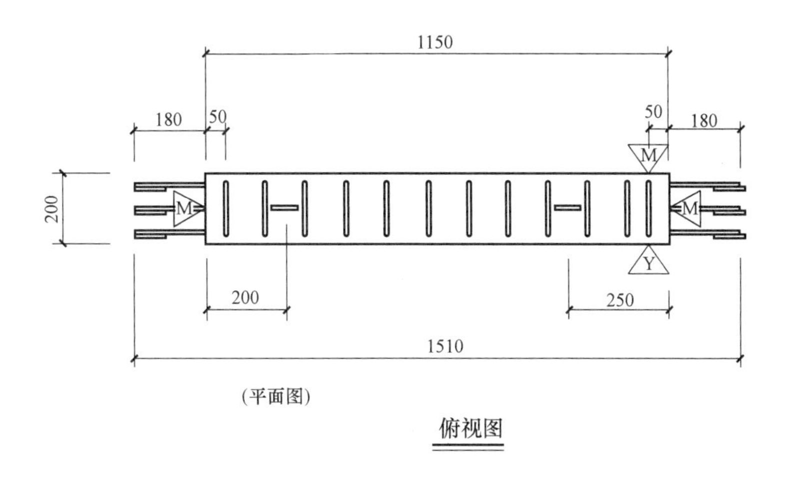

图 11-15　叠合梁平面图、立面图、剖面图（一）

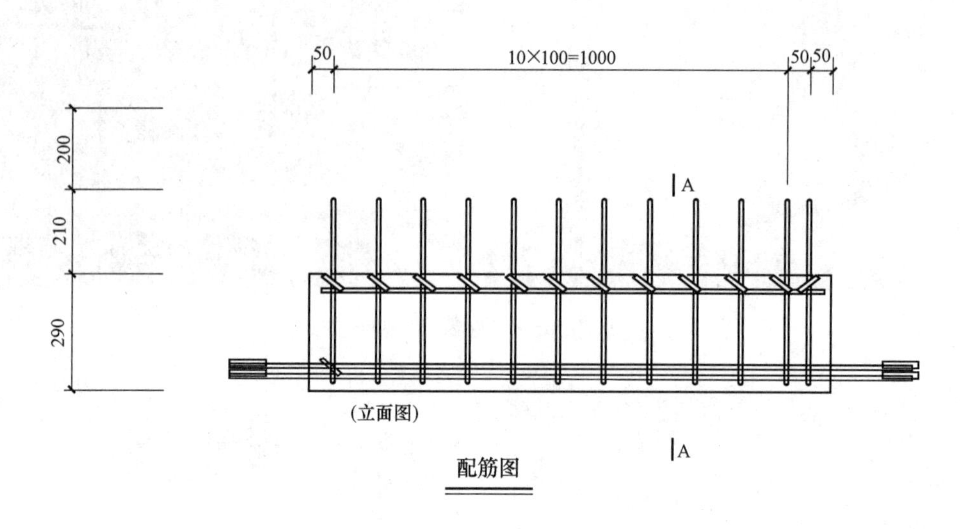

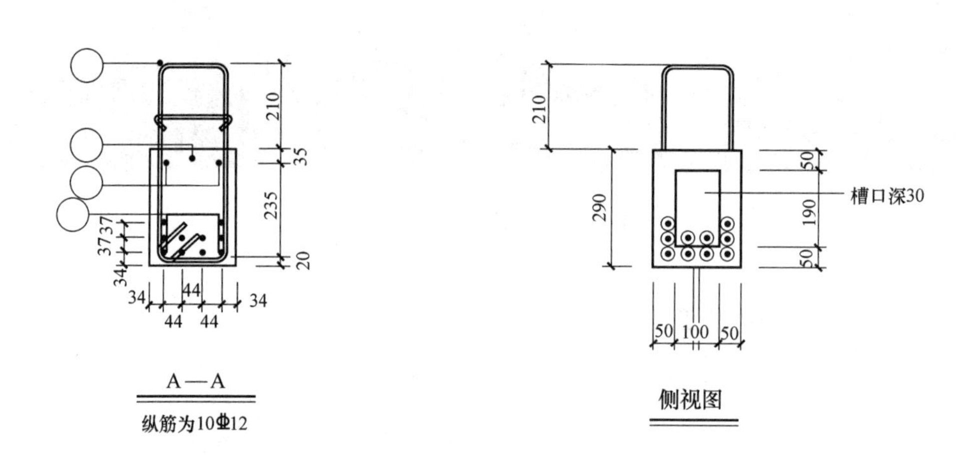

图 11-15　叠合梁平面图、立面图、剖面图（二）

11.3.5　叠合梁工程量计算示例

【例 11-4】 计算图 11-15 中 5 根 C30 预制混凝土叠合梁工程量。

解： 梁高 0.29m；梁宽 0.20m；梁长 1.15m；梁端头槽口尺寸 190×100×30。

预制叠合梁工程量＝梁高×梁宽×梁长－两端槽口体积

＝(0.29×0.20×1.15－2×0.19×0.10×0.03)×5 根

＝(0.0667－2×0.00057)×5

＝0.066×5

＝0.33m^3

5 根 C30 预制混凝土叠合梁工程量为 0.33m^3。

11.4　预制楼梯段工程量计算

11.4.1　工程量计算规则

预制楼梯段工程量按图纸设计尺寸以体积计算（m^3），不扣除构件内钢筋、铁件以及≤$0.30m^2$孔洞所占体积。

11.4.2　计算公式

预制楼梯段工程量＝侧截面面积×楼梯段宽－槽口体积

11.4.3　预制楼梯段

预制楼梯段的生产、堆放、安装等见图 11-16～图 11-21。

图 11-16　预制楼梯段模具

图 11-17　楼梯段脱模

图 11-18　楼梯段厂内堆放

图 11-19　楼梯段施工现场堆放

图 11-20　吊装楼梯段

图 11-21　楼梯段安装就位

11.4.4　预制楼梯段施工图

PC 楼梯识图

预制楼梯段施工图见图 11-22～图 11-26。

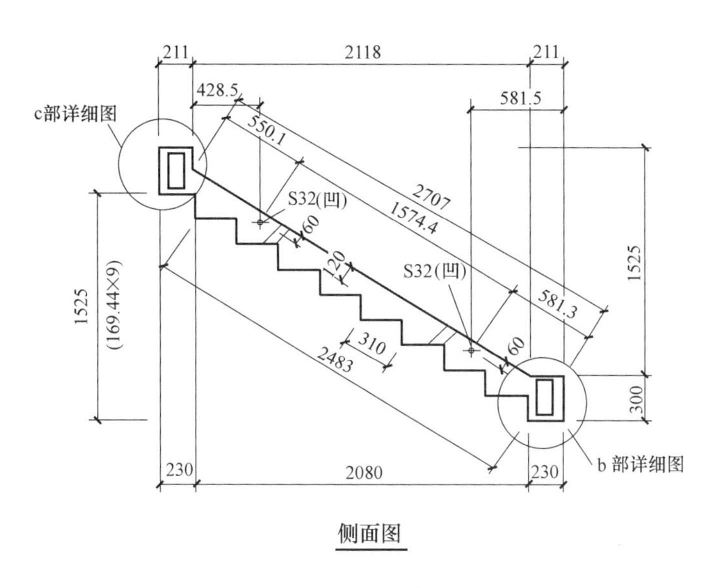

图 11-22 楼梯段侧面图

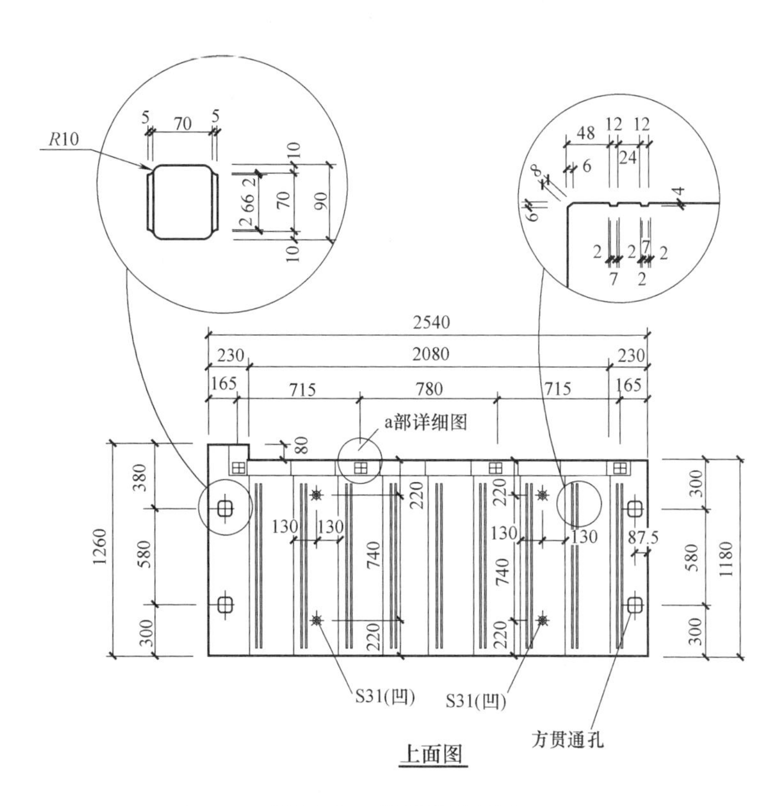

图 11-23 楼梯段平面图

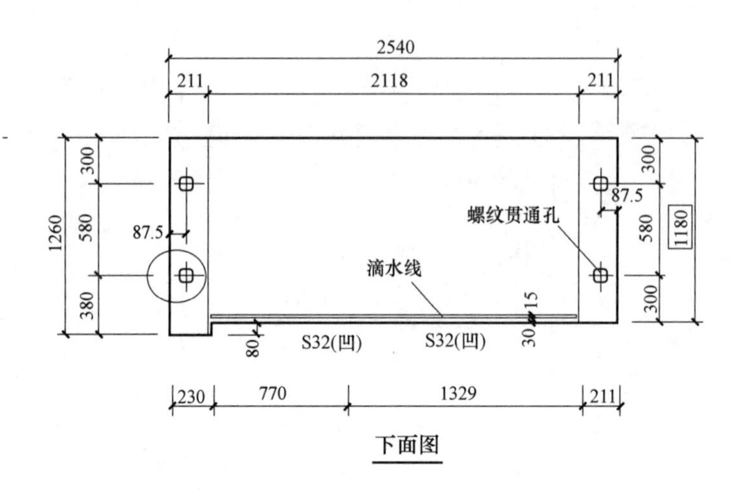

图 11-24　楼梯段下面图

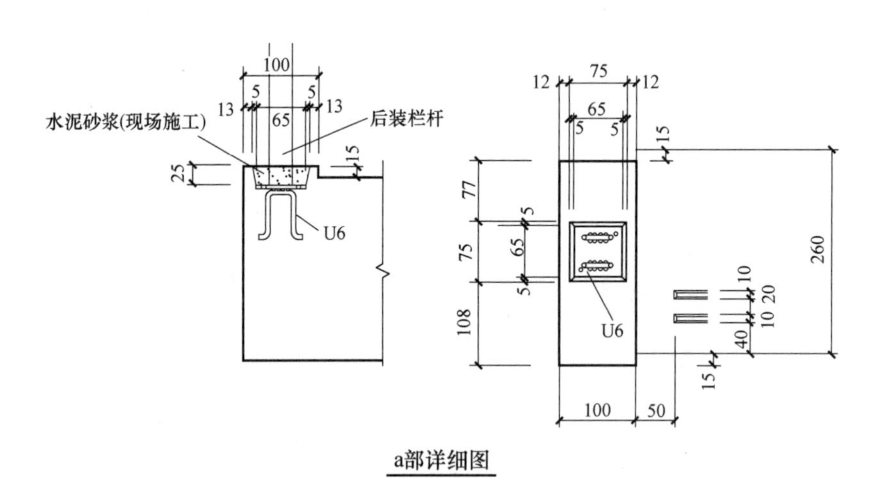

图 11-25　楼梯段栏杆预埋件详图

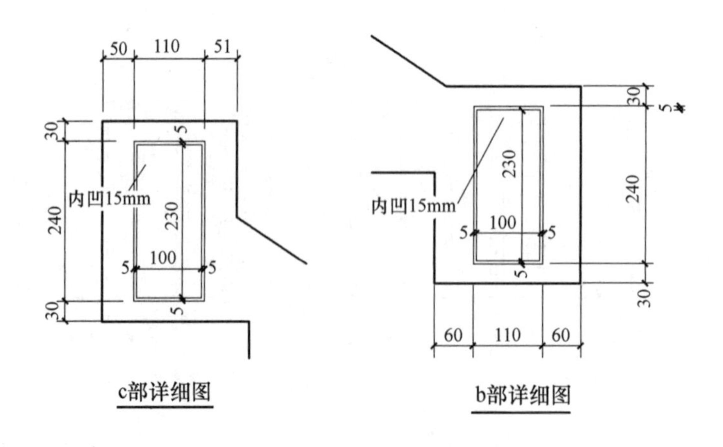

图 11-26　楼梯段端头详图

11.4.5 楼梯段工程量计算示例

【例 11-5】 计算图 11-22～图 11-26 中 4 块 C30 预制混凝土楼梯段工程量。

解： 预制楼梯段工程量＝侧截面面积×楼梯段宽＋端头突出部分＋楼梯栏杆处止水带混凝土体积－端头内凹部分

① 楼梯段侧面面积（见“侧面图、c 部详图、b 部详图”）＝两头面积＋梯板面积＋踏步三角形面积

$=0.211\times(0.03+0.24+0.03)\times2$ 头 $+2.118\times(\sqrt{0.16944^2+0.260^2}\div0.26)\times0.12+0.16944\times0.26\times0.50\times8$ 步

$=0.1266+2.118\times1.192\times0.12+0.1762$

$=0.1266+0.303+0.1762$

$=0.6058\text{m}^2$

② 楼梯一端突出部分体积（上面图、c 部详图）$=0.23\times0.30\times0.08$

$=0.0055\text{m}^3$

③ 楼梯栏杆处止水带混凝土体积（上面图、a 部详图）＝[0.715×2＋0.78＋0.075（预埋件位置）＋端头 0.08]×0.10（宽）×0.015（厚）

$=0.0036\text{m}^3$

④ 端头内凹部分体积（b 部详图、c 部详图）$=0.11\times0.24\times0.015\times2$ 头×2 面

$=0.0016\text{m}^3$

楼梯段工程量＝4 块×（①×梯段宽＋②＋③－④）

＝4 块×$(0.6058\times1.18+0.0055+0.0036-0.0016)$

$=4\times0.7223$

$=2.89\text{m}^3$

4 块 C30 预制混凝土楼梯段工程量为 2.89m^3。

PC 楼梯工程量计算

11.5 预制阳台板工程量计算

11.5.1 工程量计算规则

预制阳台板工程量按图纸设计尺寸以体积计算（m^3），不扣除构件内钢筋、铁件以及≤0.30m^2 孔洞所占体积。

11.5.2 计算公式

预制阳台板工程量＝底板体积＋侧板体积－不小于 0.30m^2 孔洞所占体积

11.5.3 预制阳台板

预制阳台板的生产、堆放、吊装等见图 11-27～图 11-31。

图 11-27　预制阳台板与模具

图 11-28　工厂预制阳台板

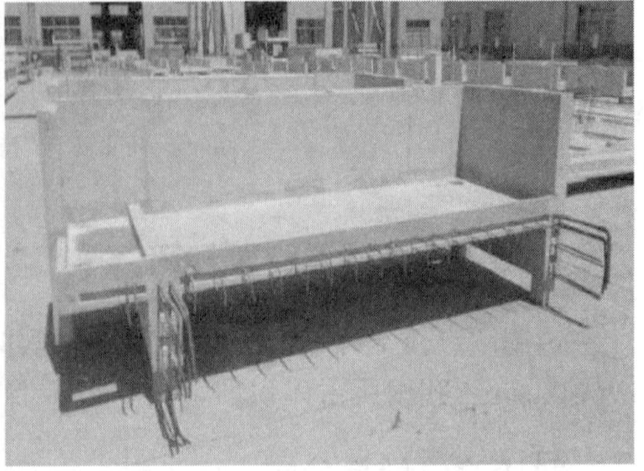

图 11-29　现场堆放阳台板

图 11-30 吊装阳台板

图 11-31 安装好的阳台板

11.5.4 预制阳台板施工图

预制阳台板施工图见图 11-32～图 11-34。

PC 阳台板识图

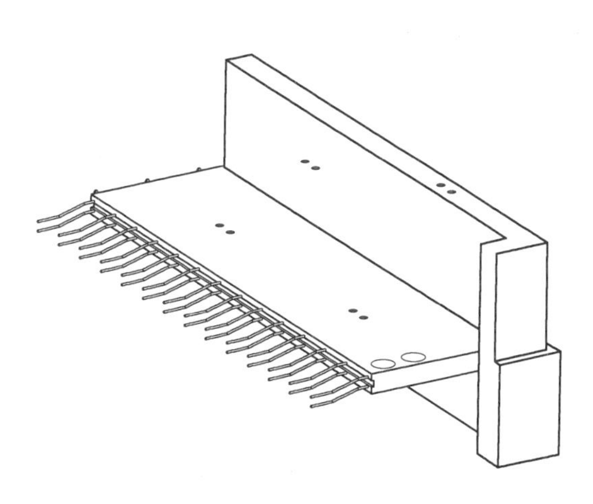

图 11-32 阳台透视图

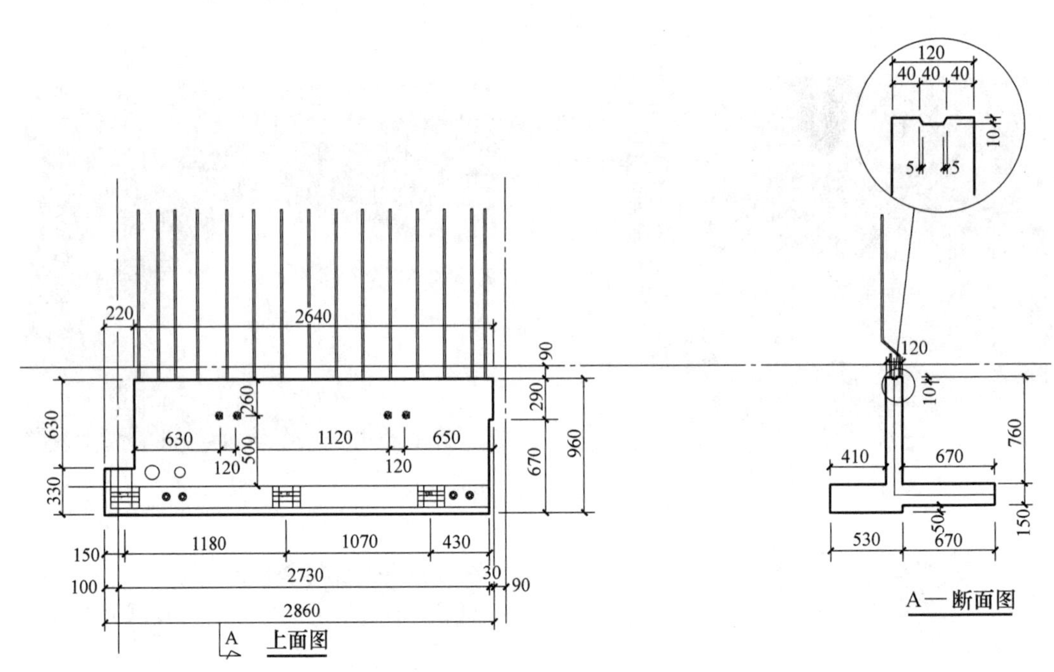

图 11-33 阳台上面图、断面图

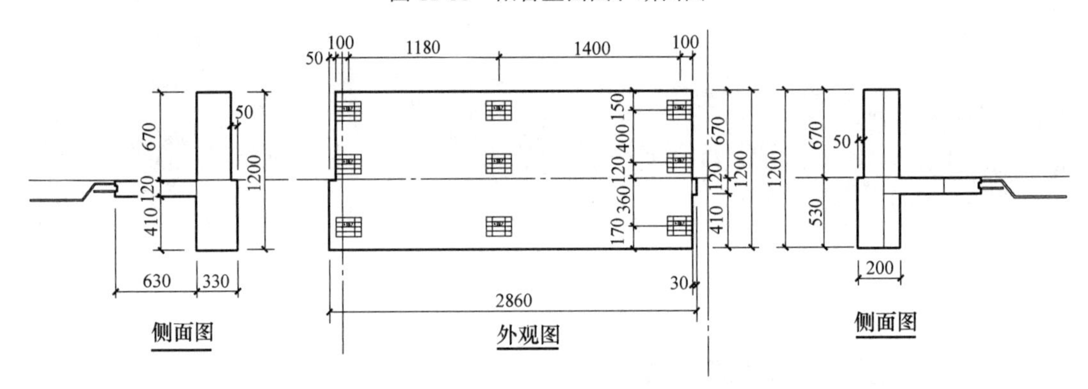

图 11-34 阳台外立面图、侧面图

11.5.5 预制阳台板工程量计算示例

PC 阳台板工程量计算

【例 11-6】 计算图 11-33 中 6 块 C30 预制混凝土阳台板工程量。

解： 预制阳台板工程量＝底板体积＋上侧板体积＋下侧板体积－底板凹槽体积

① 底板体积（阳台上面图、A 断面图）＝[(2.64－0.03)×0.76(宽)＋(0.03×0.29)]×0.12(厚)

＝1.9923×0.12

＝0.2391m^3

② 上侧板体积（阳台上面图、A 断面图、阳台外立面图、侧面图）

＝长(2.64－0.03＋0.33－0.05)×0.67(高)×0.15(厚)

＝2.89×0.67×0.15

$=0.2904\text{m}^3$

③ 下侧板体积（阳台上面图、A 断面图、阳台外立面图、侧面图）

=长(2.64－0.03＋0.33)×0.53(高)×0.20(厚)

=2.94×0.53×0.20

$=0.3116\text{m}^3$

④ 底板凹槽体积（阳台上面图、A 断面图）=2.64×0.035×0.01

$=0.0009\text{m}^3$

6 块阳台板体积=(①＋②＋③－④)

=6×(0.2391＋0.2904＋0.3116－0.0009)

=6×0.8402

$=5.04\text{m}^3$

6 块 C30 预制混凝土阳台板工程量为 5.04m^3。

11.6　预制混凝土墙工程量计算

11.6.1　工程量计算规则

预制混凝土墙工程量按图纸设计尺寸以体积计算（m^3），不扣除构件内钢筋、铁件以及≤0.30m^2 孔洞所占体积。

11.6.2　计算公式

预制混凝土墙工程量=(板宽×板高－门窗及洞口面积)×墙厚

11.6.3　预制混凝土墙板

预制混凝土墙板的生产、堆放、运输、吊装等见图 11-35～图 11-40。

图 11-35　预制墙生产线

图 11-36 PC工厂堆放预制墙

图 11-37 预制墙运输

图 11-38 预制墙吊装

图 11-39 预制墙固定

图 11-40 预制墙连接

11.6.4 预制墙板施工图

PC 外墙板识图

预制墙板施工图见图 11-41、图 11-42。

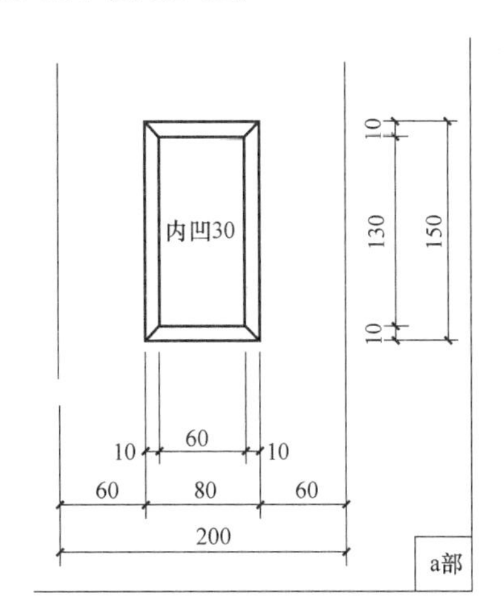

图 11-41 a 部大样图

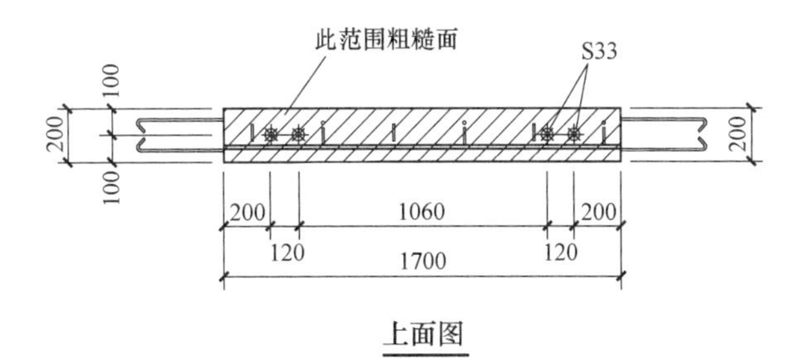

图 11-42 预制剪力墙施工图（一）

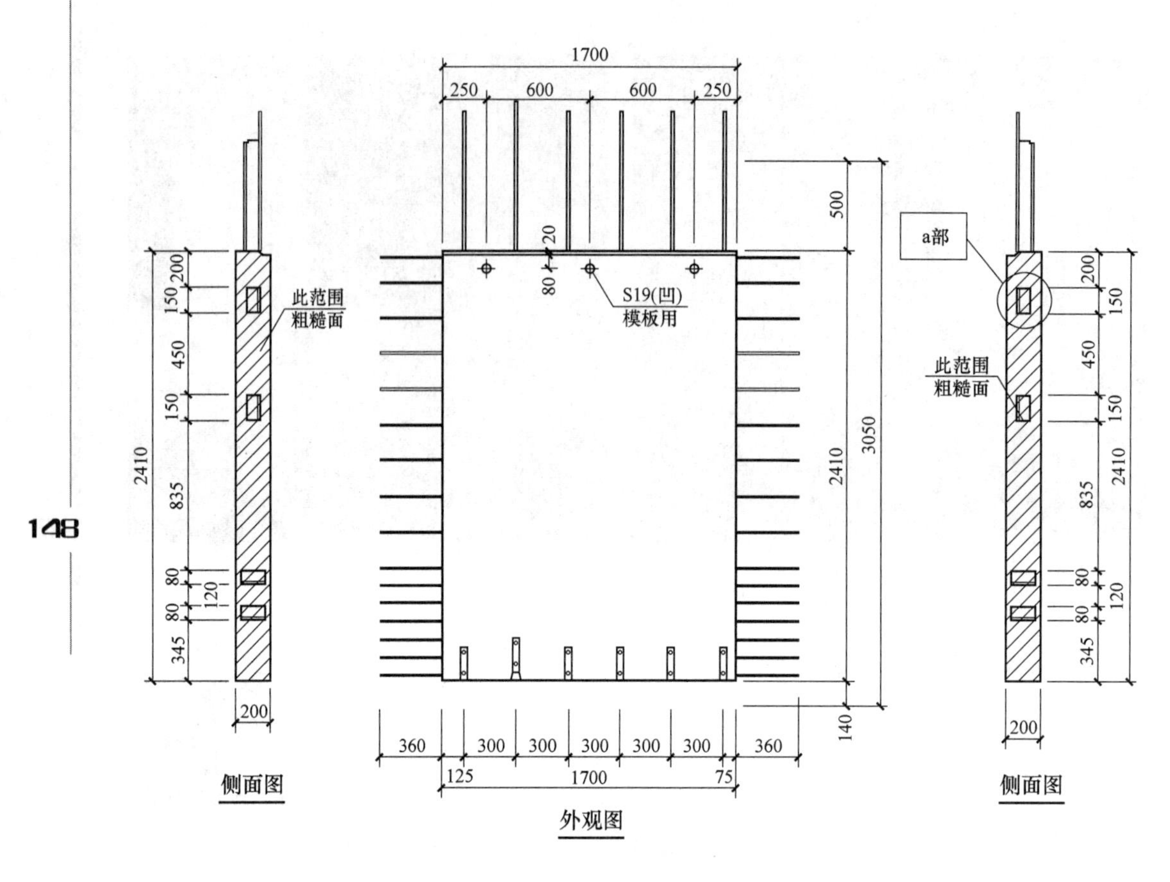

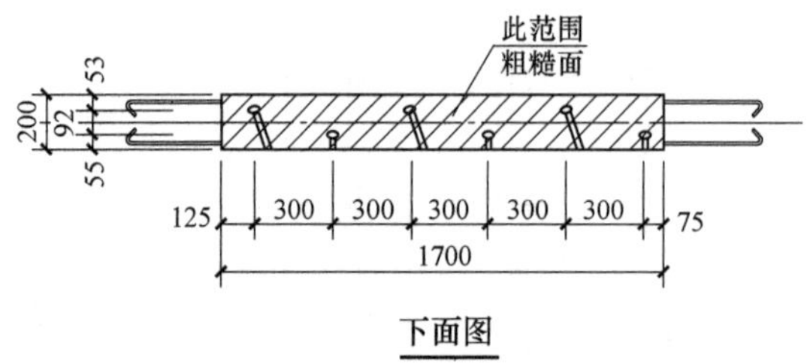

图 11-42　预制剪力墙施工图（二）

11.6.5　预制墙工程量计算示例

PC 外墙板

工程量计算

【例 11-7】 计算图 11-41、图 11-42 中 9 块 C30 预制混凝土墙板工程量。

解： 预制混凝土墙板工程量=(板宽×板高－门窗及洞口面积)×墙厚－凹口体积=9×[1.70×2.11×0.20－4 个(0.14×0.07+0.07×0.07)×0.03]

=9×(0.7174－4×0.0147×0.03)

=9×(0.7174－0.0018)

=9×0.7156

=6.44m³

9 块 C30 预制混凝土墙板工程量为 6.44m³。

12 装配式混凝土建筑工程造价计算实例

12.1 装配式混凝土建筑工程造价计算概述

装配式建筑工程造价计算包含两方面内容：①编制工程量清单；②编制工程量清单报价。

1. 工程量清单编制

工程量清单一般由业主或者委托有资质的咨询机构编制。

主要依据“装配式建筑施工图”“工程招标书”以及《房屋建筑与装饰工程工程量计算规范》GB 50854—2013、《建设工程工程量清单计价规范》GB 50500—2013 等依据确定包含分部分项工程项目清单、单价措施项目清单、总价措施项目清单、其他项目清单、规费项目清单与税金等内容的“××装配式建筑工程工程量清单”。

然后根据“工程量清单”“装配式建筑施工图”、《房屋建筑与装饰工程工程量计算规范》GB 50854—2013 计算装配式建筑分部分项工程量和单价措施项目工程量。

装配式建筑工程量清单中除了计日工外没有货币量，只有实物工程量。

装配式建筑工程量清单编制程序示意见图 12-1。

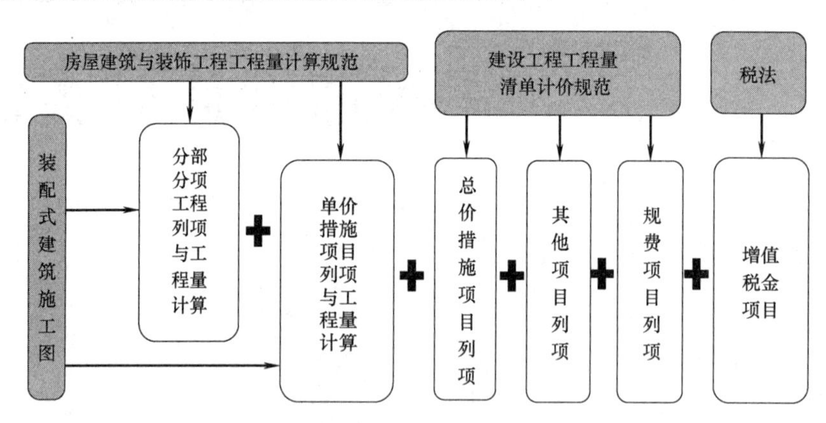

图 12-1　装配式建筑工程量清单编制程序示意图

2. 工程量清单报价编制

工程量清单报价一般由承包商编制。

主要依据“装配式建筑施工图”“装配式建筑工程量清单”“地区预算定额（单位估价表）”“工程量计算规则”“地区人、材、机材料单价”以及《房屋建筑与装饰工程工程量计算规范》GB 50854—2013、《建设工程工程量清单计价规范》GB 50500—2013 等依据确定“分部分项工程量清单（含单价措施项目）综合单价”计算包含分部分项工程费、单价措施项目费、总价措施项目费、其他项目费、规费与增值税税金等内容的“××装配式建筑工程工程量清单报价”。

然后主要根据“工程量清单”“装配式建筑施工图”及《房屋建筑与装饰工程工程量计算规范》GB 50854—2013 计算装配式建筑分部分项工程量和单价措施项目工程量。

装配式建筑工程量清单报价中既有货币量，也有实物工程量。

装配式建筑工程量清单报价编制程序示意见图 12-2。

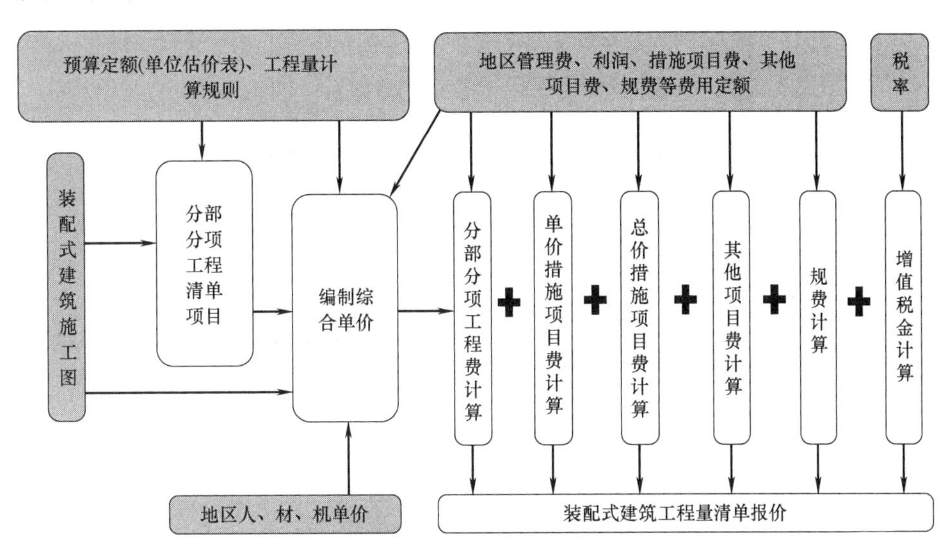

图 12-2　装配式建筑工程量清单报价编制程序示意图

12.2　装配式混凝土建筑工程量计算实例

12.2.1　装配式建筑工程概况

（1）建筑物名称

某小区装配式混凝土建筑住宅。

（2）建筑层数与层高

共 20 层，标准层共 18 层，层高为 2.80m。本实例计算标准层第一单元的局部（一户）的部分装配式预制构件工程量和工程造价。

12.2.2　装配式建筑平面图

（1）标准层装配式建筑平面图（局部）

标准层装配式建筑平面图（局部）见图 12-3。

（2）PC 构件混凝土强度等级

本案例计算的 PC 构件混凝土强度等级均为 C30 混凝土。

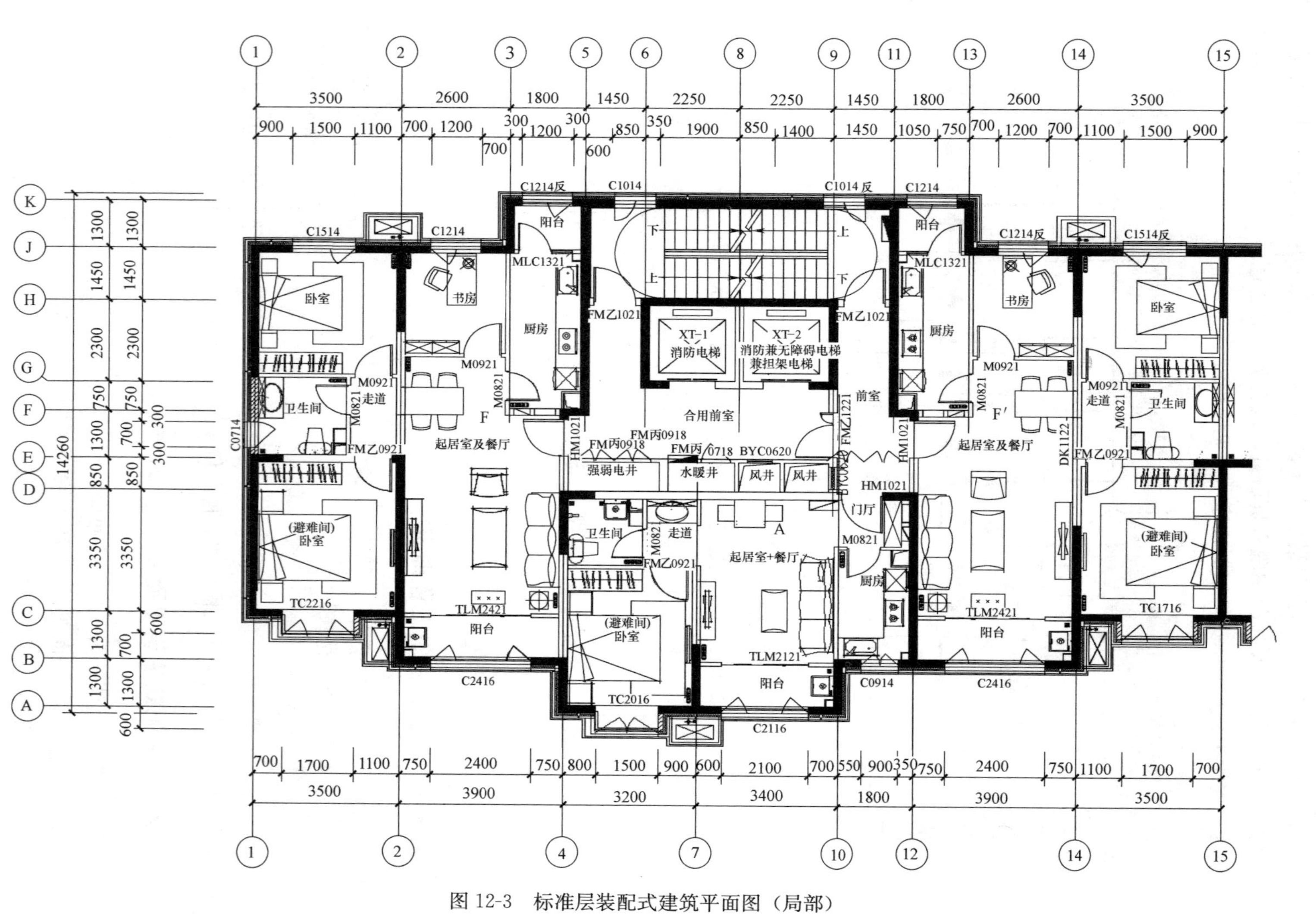

图 12-3 标准层装配式建筑平面图（局部）

12.2.3 预制叠合板工程量计算

（1）叠合板平面布置图

标准层中①～⑦轴（一户）的叠合板平面布置图见图 12-4。

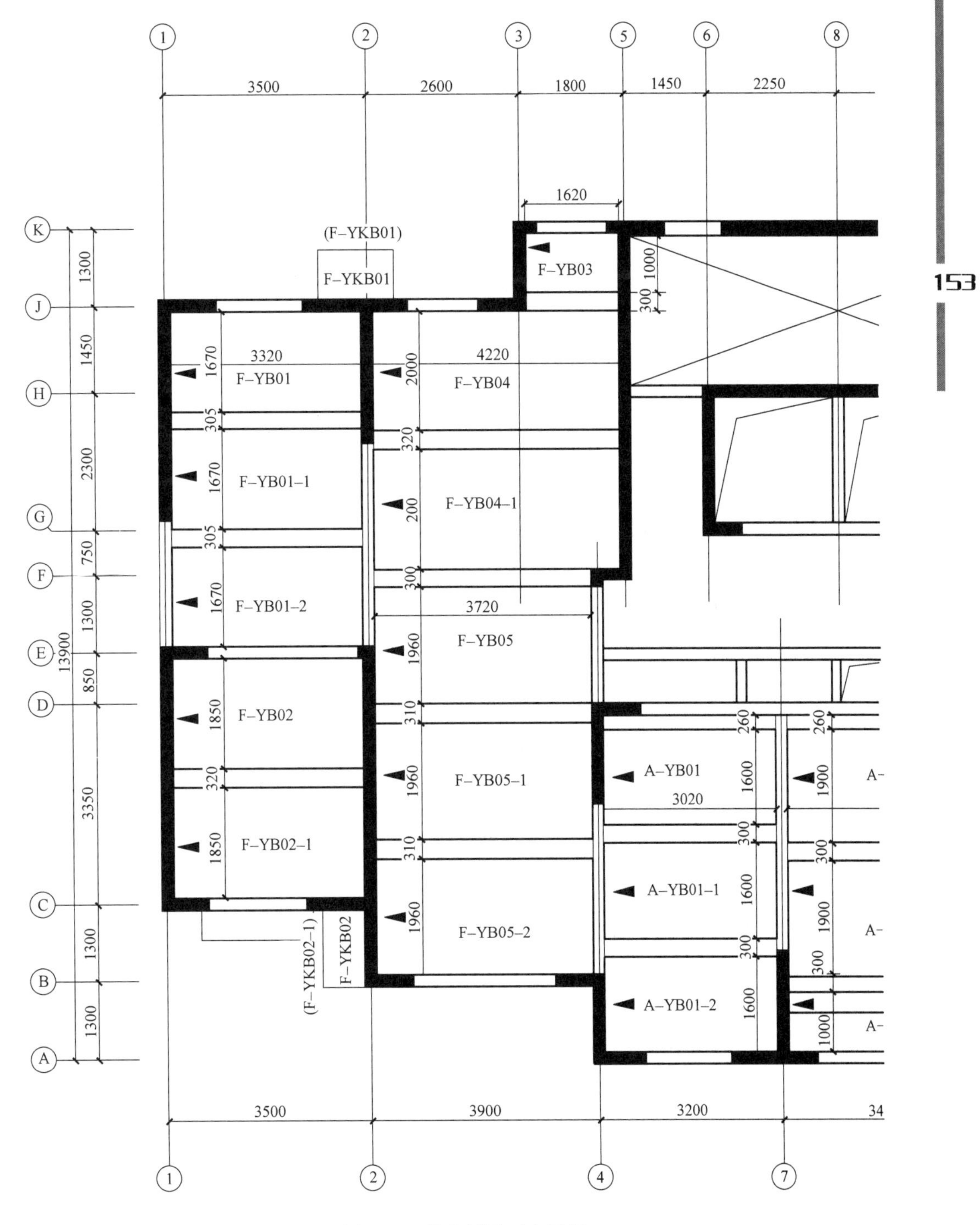

图 12-4 叠合板平面布置图

(2) F-YB01 预制叠合板模板图

F-YB01 预制叠合板模板图见图 12-5。

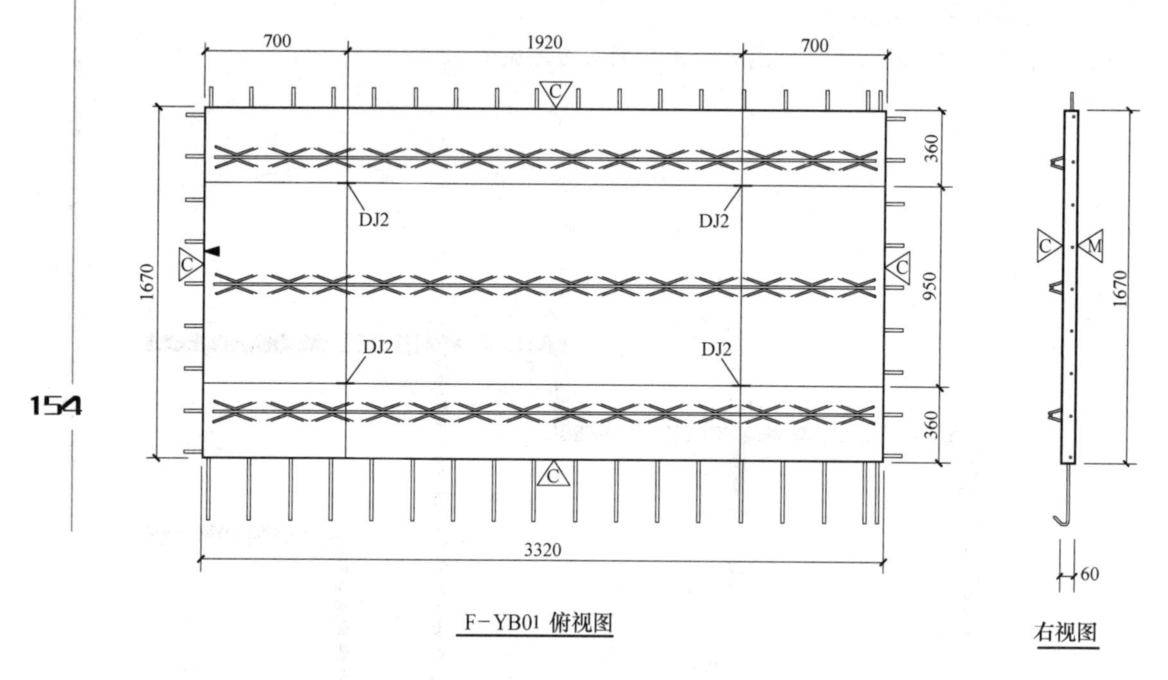

图 12-5 F-YB01 预制叠合板

(3) 计算标准层中①～⑦轴(一户)的 F-YB01 预制叠合板工程量

【例 12-1】 计算图 12-4 叠合板平面布置图中①～⑦轴标准层(18 层)的 F-YB01 预制叠合板工程量,见图 12-5。

解: ①～⑦轴标准层中共有 2 块 F-YB01 预制叠合板,18 层共 36 块 F-YB01。

$$V=3.32\times1.67\times0.06\times36\text{ 块}$$
$$=0.333\times36$$
$$=11.99\text{m}^3$$

①～⑦轴标准层(18 层)的 F-YB01 预制叠合板工程量为 11.99m^3。

(4) F-YB02 预制叠合板模板图

F-YB02 预制叠合板模板图见图 12-6。

(5) 计算标准层中①～⑦轴(一户)的 F-YB02 预制叠合板工程量

【例 12-2】 计算图 12-4 叠合板平面布置图中①～⑦轴标准层(18 层)的 F-YB02 预制叠合板工程量,见图 12-6。

解: ①～⑦轴标准层中共有 1 块 F-YB02 预制叠合板,18 层共有 18 块 F-YB02。

$$V=3.32\times1.85\times0.06\times18\text{ 块}$$
$$=0.369\times18$$
$$=6.64\text{m}^3$$

①～⑦轴标准层(18 层)的 F-YB02 预制叠合板工程量为 6.64m^3。

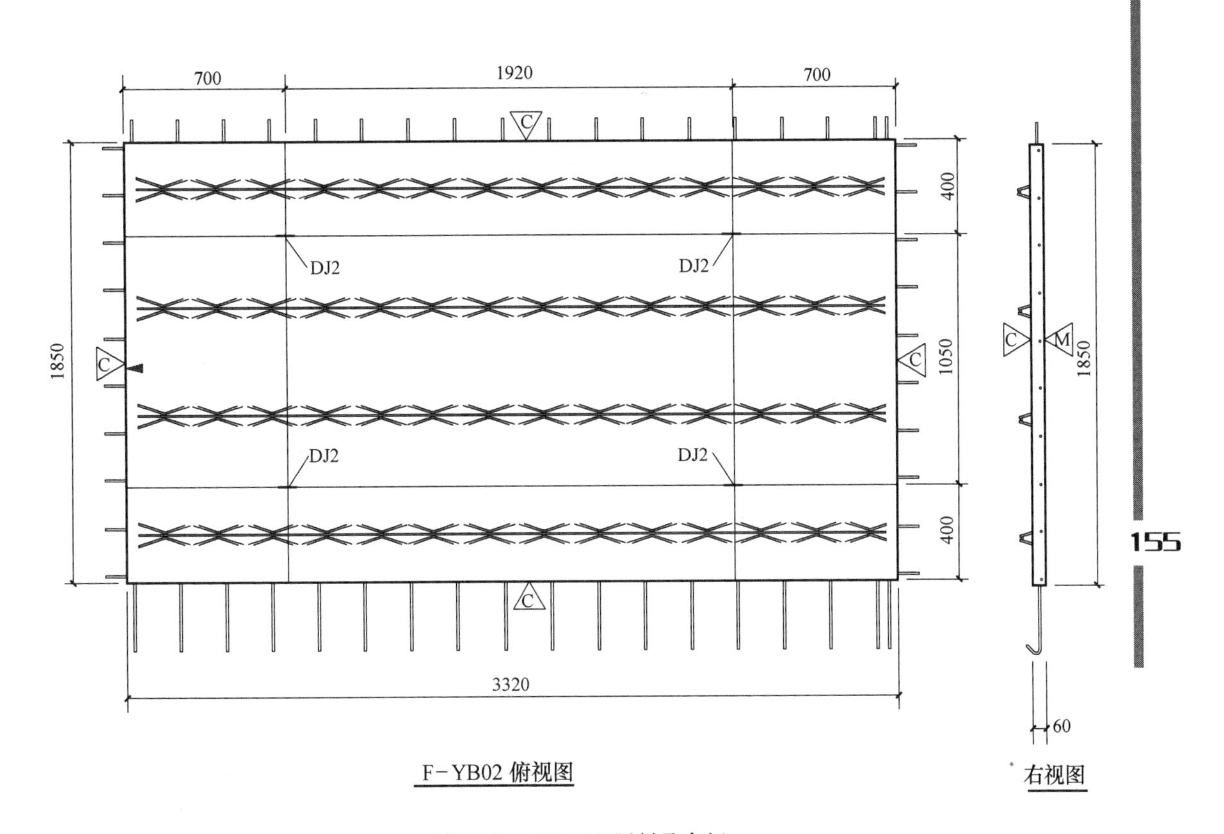

图 12-6 F-YB02 预制叠合板

小计：叠合板工程量＝11.99m³＋6.64m³＝18.63m³。

12.2.4 PC墙板工程量计算

（1）PC墙板平面布置图

标准层中①～⑦轴（一户）的PC墙板平面布置图见图12-7。

（2）外墙板模板图

外墙板F-YWB-5a模板图见图12-8。

（3）计算标准层中①～⑦轴（一户）的F-YWB-5a外墙板工程量

【例12-3】 根据图12-7的PC墙板平面布置图，计算①～⑦轴标准层中F-YWB-5a外墙板工程量，见图12-8。

解： 墙下部缺口尺寸：105×100×180；①～⑦轴标准层中有1块F-YWB-5aPC外墙板，18层共18块F-YWB-5a。

V＝墙宽×墙高×墙厚＋墙上边体积－缺口体积

＝(2.80×2.64×0.20－0.105×0.10×0.18×3个)×18块

＝(1.4784－0.0057)×18

＝1.4727×18

＝26.51m³

①～⑦轴标准层（18层）的F-YWB-5a外墙板混凝土体积为26.51m³。

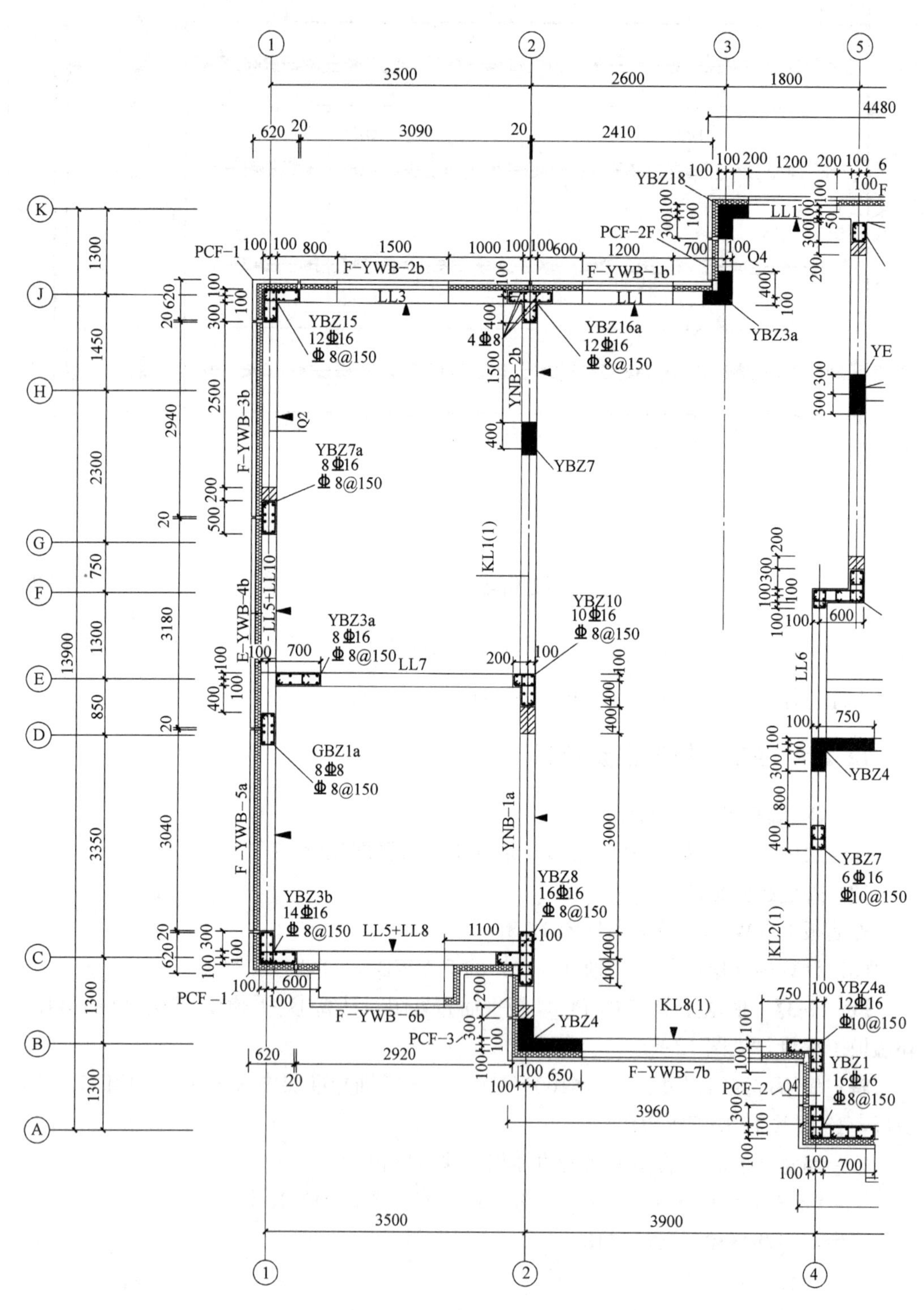

图 12-7 PC 墙板平面布置图

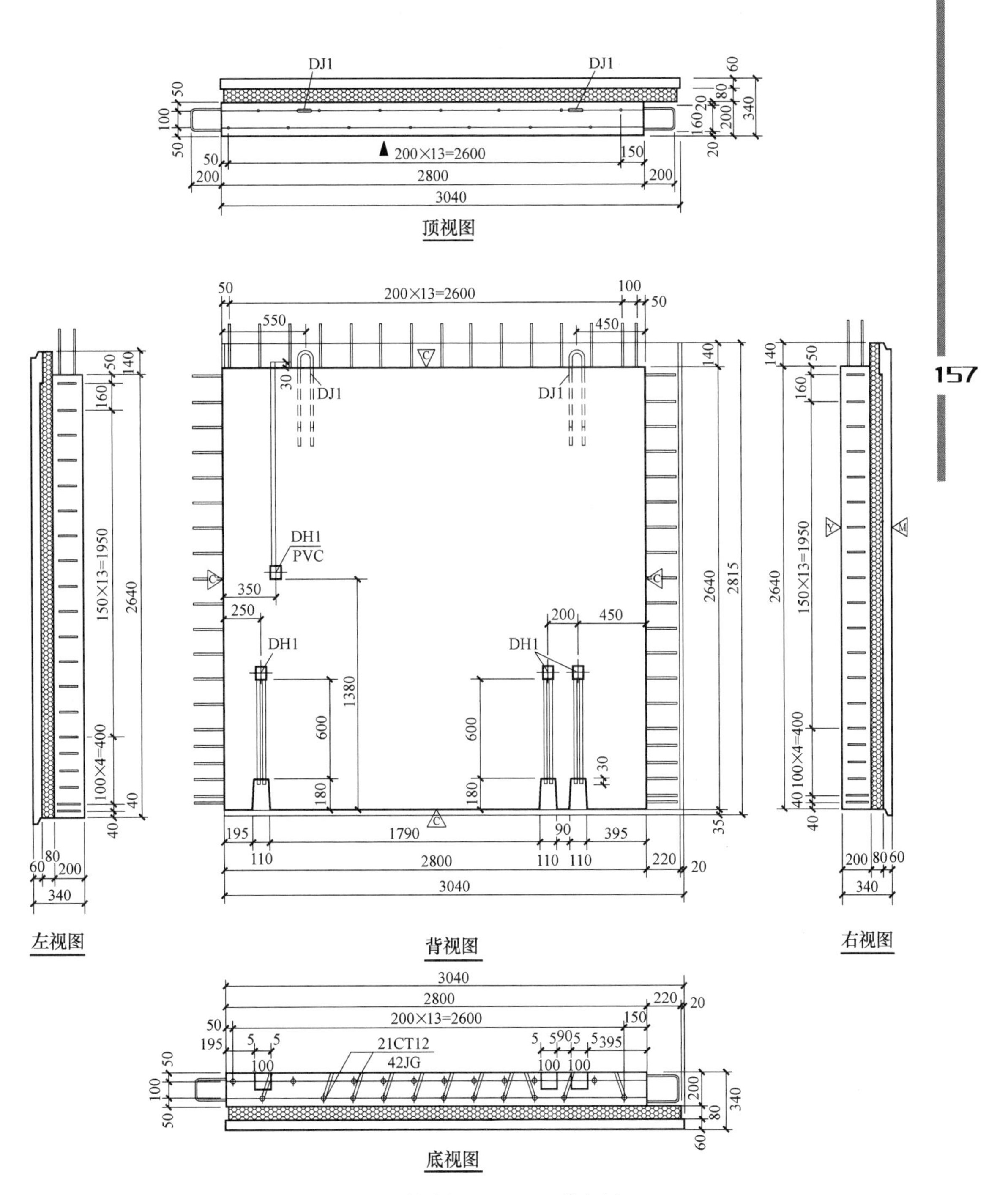

图 12-8 外墙板 F-YWB-5a 模板图

(4) 内墙板模板图

YNB-1a 内墙板模板图见图 12-9。

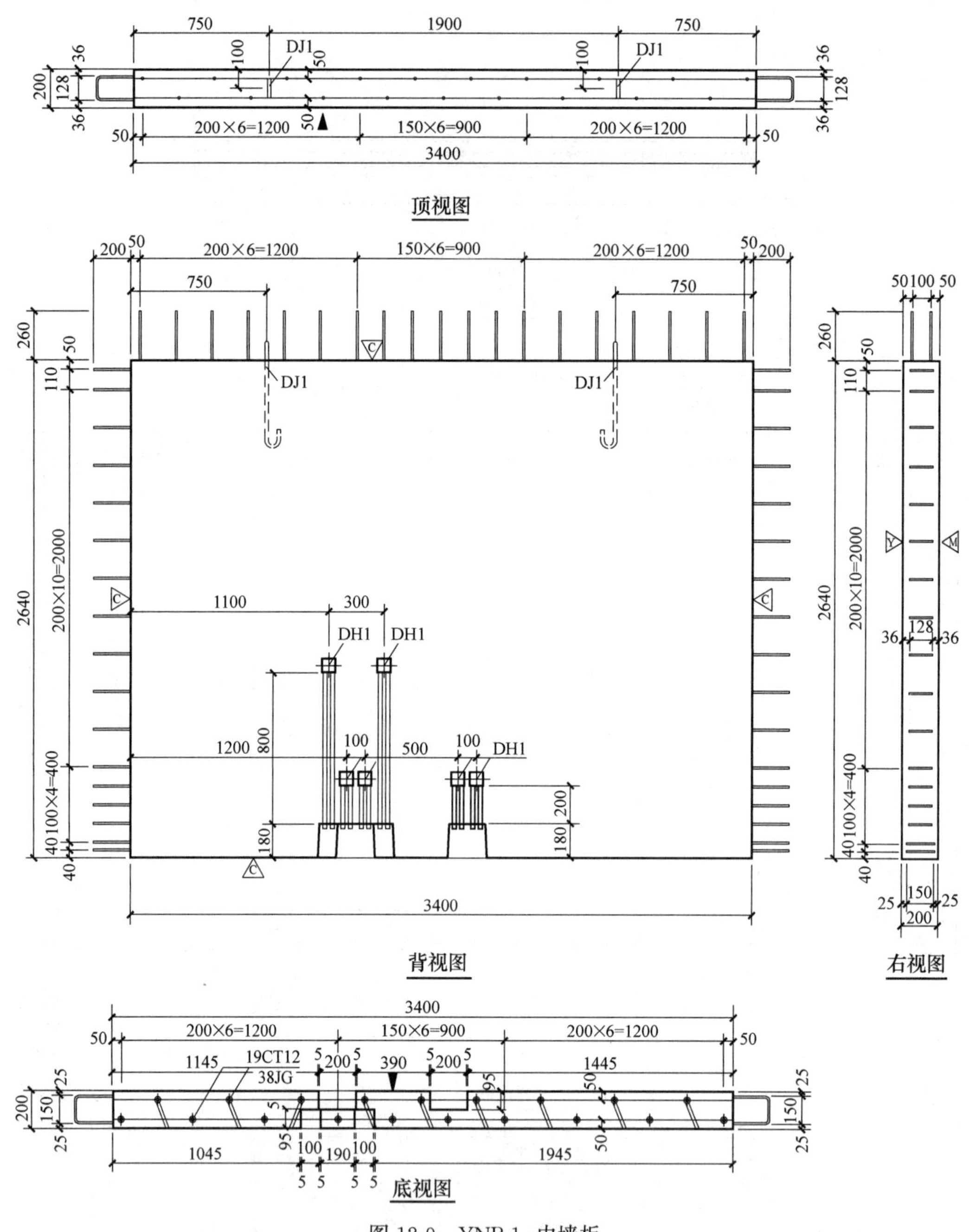

图 12-9　YNB-1a 内墙板

（5）计算标准层中①～⑦轴（一户）的 YNB-1a 内墙板工程量

【例 12-4】 根据图 12-7 的 PC 墙板平面布置图，计算①～⑦轴标准层中 YNB-1a 内墙板工程量，见图 12-9。

解： 墙下部大缺口尺寸：95×205×180×2 个；墙下部小缺口尺寸：95×105×180×2 个；①～⑦轴标准层中有 1 块 YNB-1a 内墙板，18 层共 18 块 YNB-1a。

V ＝墙宽×墙高×墙厚－缺口体积

$=(3.40\times2.64\times0.20-0.095\times0.205\times0.18\times2$ 个 $-0.095\times0.105\times0.18\times2$ 个 $)\times18$ 块

$=(1.7952-0.0070-0.0036)\times18$ 块

$=1.7846\times18$

$=32.12m^3$

①～⑦轴标准层（18 层）的 YNB-1a 内墙板工程量为 $32.12m^3$。

12.2.5　PC 楼梯段工程量计算

（1）PC 楼梯段施工图

住宅的 PC 楼梯段模板图见图 12-10。

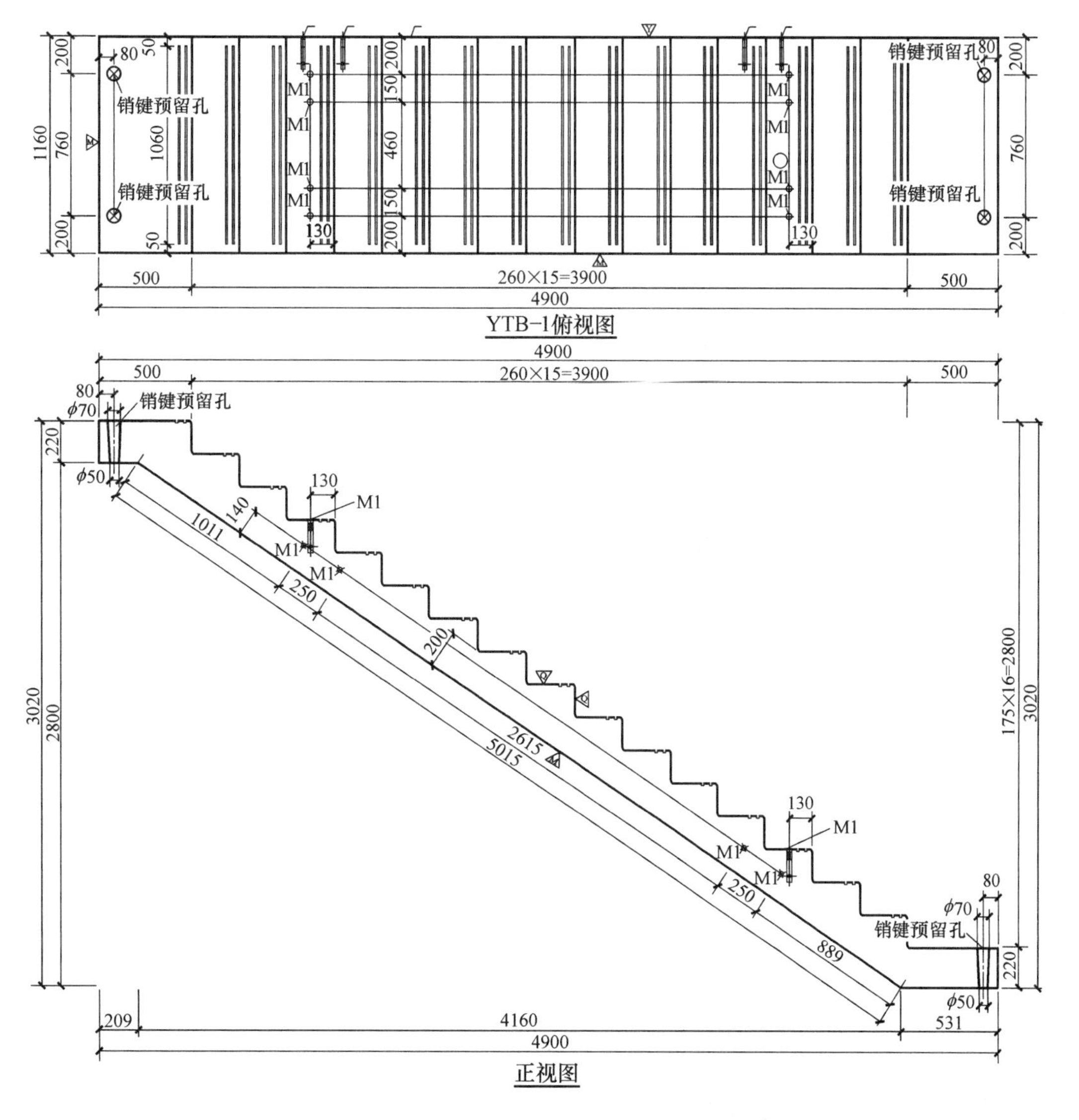

图 12-10　PC 楼梯段模板图

（2）根据图 12-10 计算 PC 楼梯段工程量

【例 12-5】 根据图 12-10 计算 12 段 PC 楼梯段工程量。

解： PC 楼梯段工程量＝梯段侧面面积×梯段宽

＝侧面积[0.50(上矩形)×0.22＋0.531(下矩形)×0.22＋0.175×0.26×0.5(三角形)×15 步＋($\sqrt{0.175^2+0.26^2}$(梯形)×15 步＋5.015)×0.5×0.20] ×1.16(梯宽)×12 段

＝[0.5681＋(4.701＋5.015)×0.5×0.20] ×1.16×12

＝(0.5681＋0.9716)×1.16×12

＝21.43m^3

12 段 PC 楼梯段工程量为 21.43m^3。

12.2.6 PCF 板工程量计算

（1）PCF 板模板图

住宅的 PCF 板模板图见图 12-11。

（2）根据图 12-11 计算 PCF 板工程量

【例 12-6】 根据图 12-11 计算图 12-7①轴上 18 层每层 2 块共 36 块 PCF 板工程量。

解： PCF 板工程量＝截面面积×板长

＝(0.62＋0.62－0.06)×0.06×(2.815－0.035)×36 块

＝0.0708×2.78×36

＝7.09m^3

36 块 PCF 板的混凝土体积为 7.09m^3。

12.2.7 现场预制 PCF 板工程量计算

（1）现场预制 F-YKB01 空调板模板图

住宅 F-YKB01 空调板模板图见图 12-12。

（2）根据图 12-12 计算现场预制 F-YKB01 空调板工程量

【例 12-7】 根据图 12-11 计算图 12-4 中 18 层每层 1 块共 18 块 F-YKB01 空调板工程量。

解： F-YKB01 空调板工程量＝底板面积×板厚＋三面侧板长×水平截面积

＝[1.10×(0.68－0.10)＋0.17×0.10×2 边×0.10＋(1.10＋0.68×2 边)×0.10(厚)×0.60(高)]×18 块

＝(0.0672＋0.1476)×18

＝3.87m^3

现场预制 18 块空调板工程量为 3.87m^3。

12.2.8 套筒灌浆工程量计算

（1）外墙板 F-YWB-5a 钢筋套筒

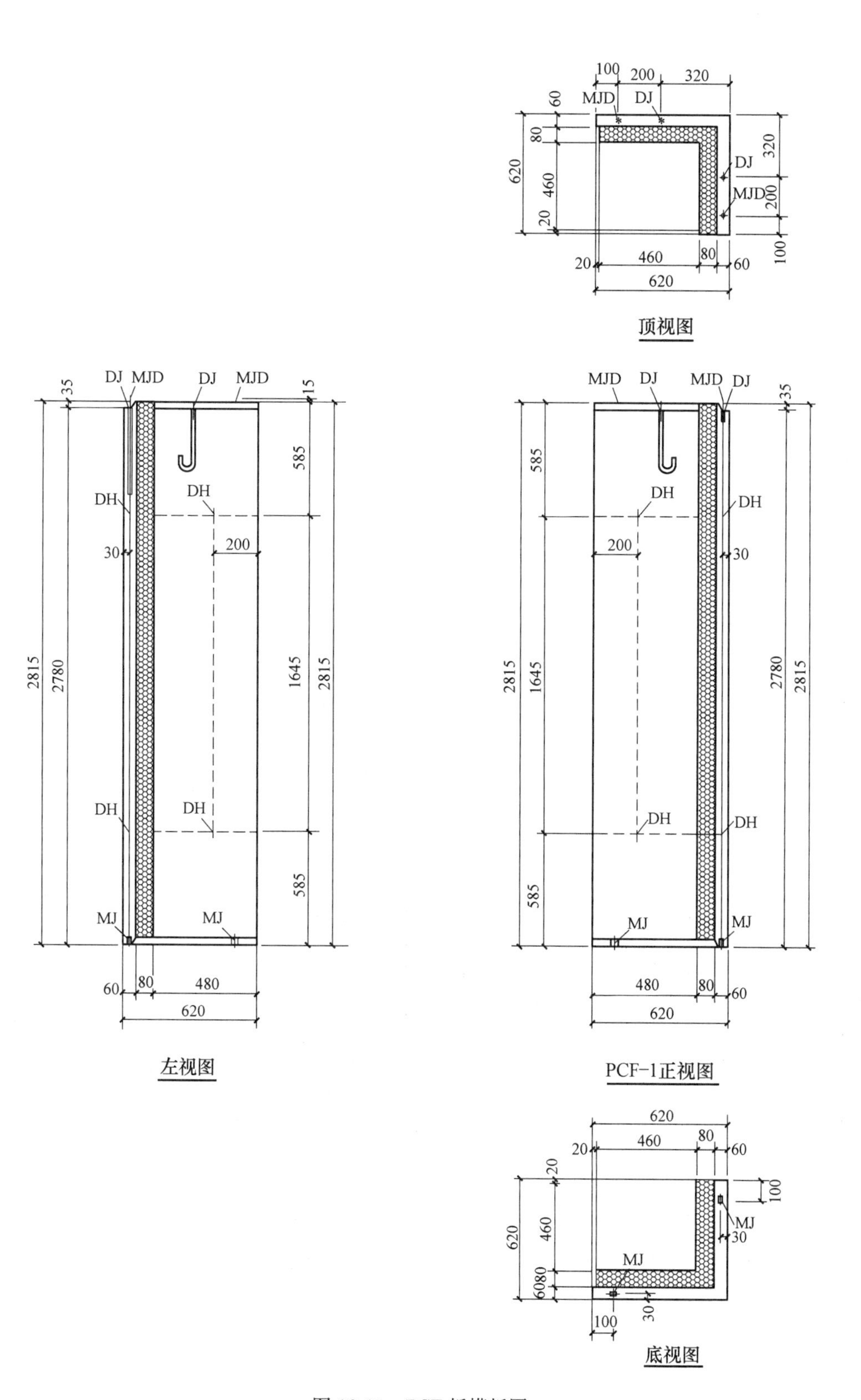

图 12-11 PCF 板模板图

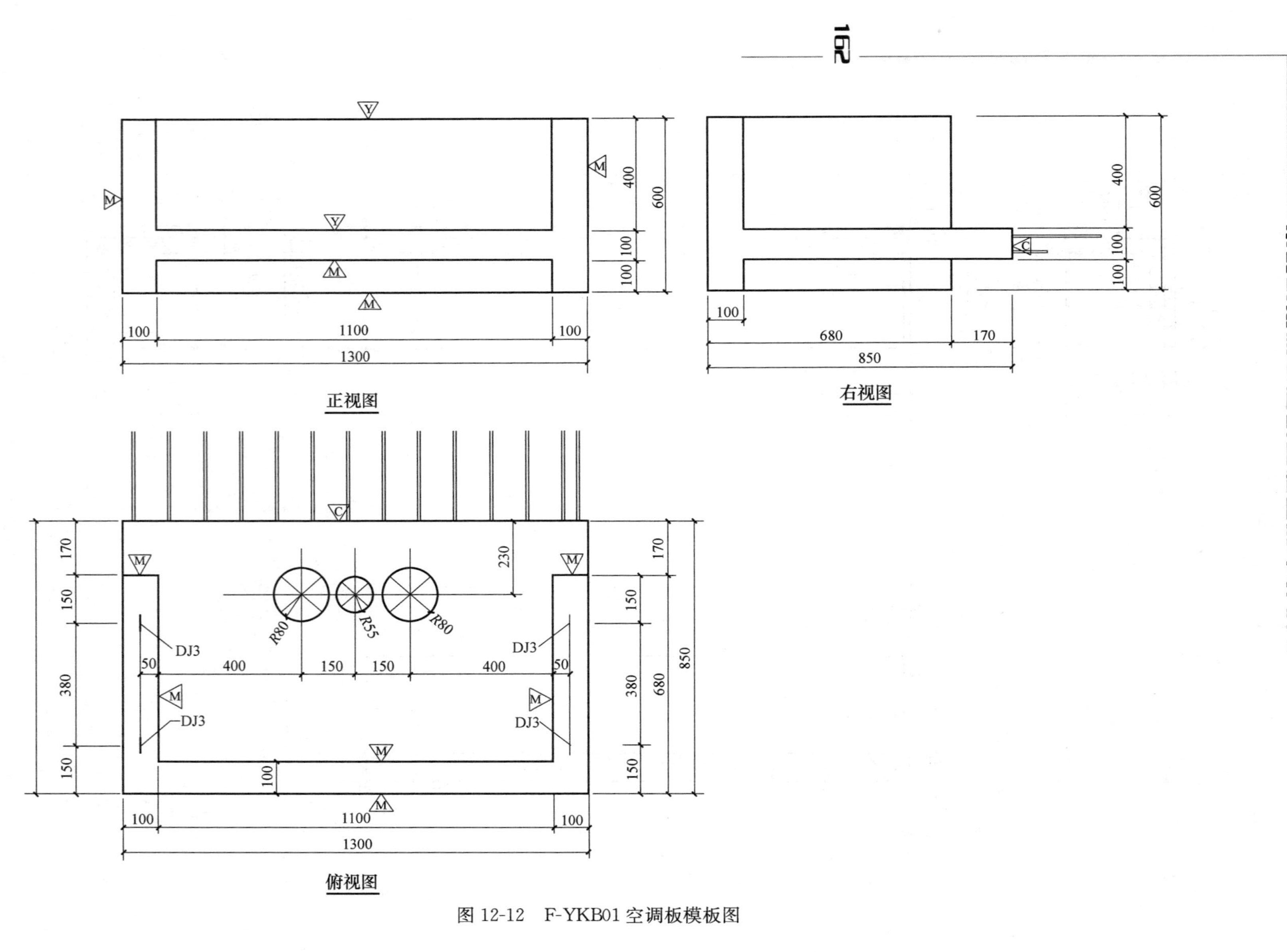

图 12-12 F-YKB01 空调板模板图

从图 12-8“外墙板 F-YWB-5a 模板图”看到，每块墙板有 21 个 ϕ12 钢筋套筒。

(2) 套筒注浆工程量计算

【例 12-8】 某住宅 18 块 PC 墙，每块墙安装 ϕ12 钢筋套筒 21 个，计算其套筒注浆工程量。

解： ϕ12 钢筋套筒注浆工程量＝21 个/块×18 块＝378 个

ϕ12 钢筋套筒注浆工程量为 378 个。

12.2.9　钢筋工程量计算

(1) 现场预制空调板钢筋图

现场预制空调板钢筋图与钢筋表见图 12-13。

(2) 现场预制空调板钢筋工程量计算

【例 12-9】 根据图 12-13 计算 18 块现场预制 F-YKB01 空调板钢筋工程量。

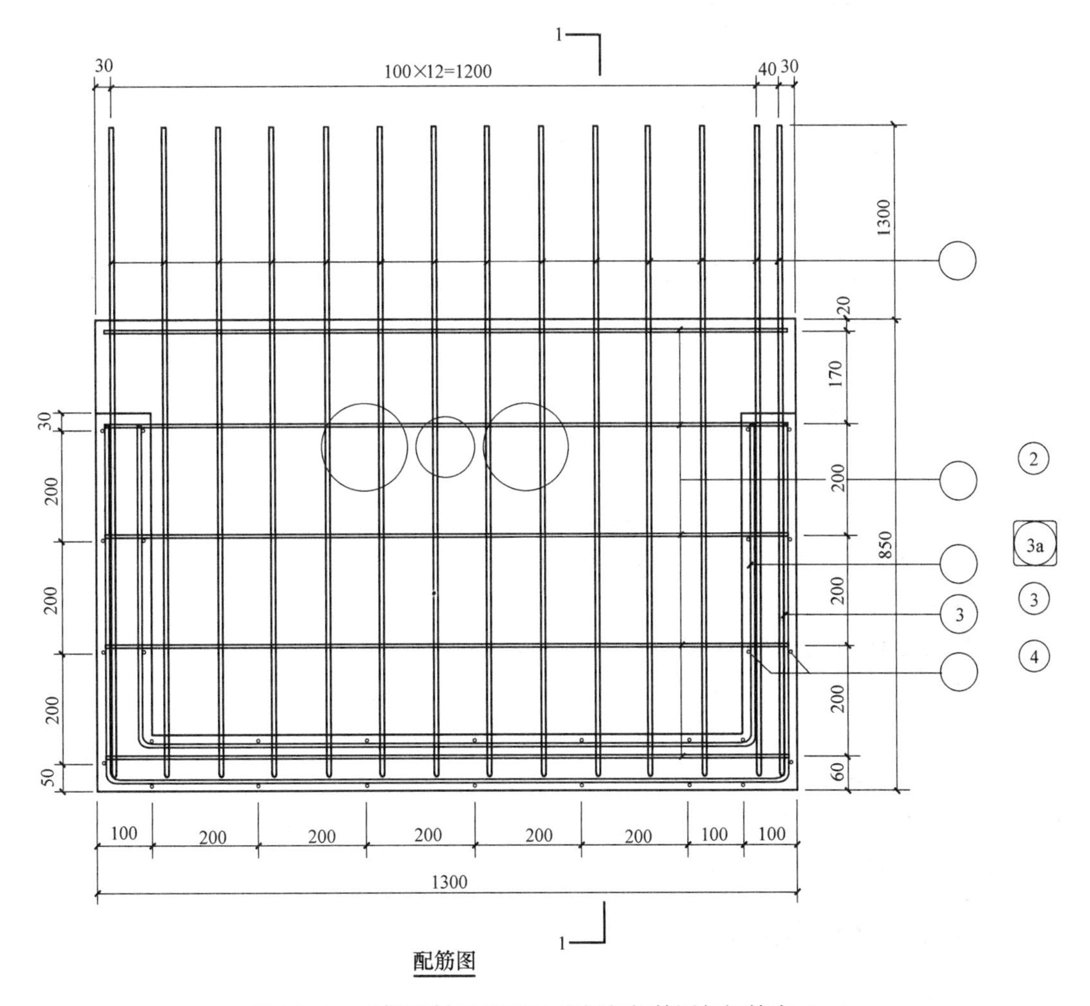

图 12-13　现场预制 F-YKB01 空调板钢筋图与钢筋表（一）

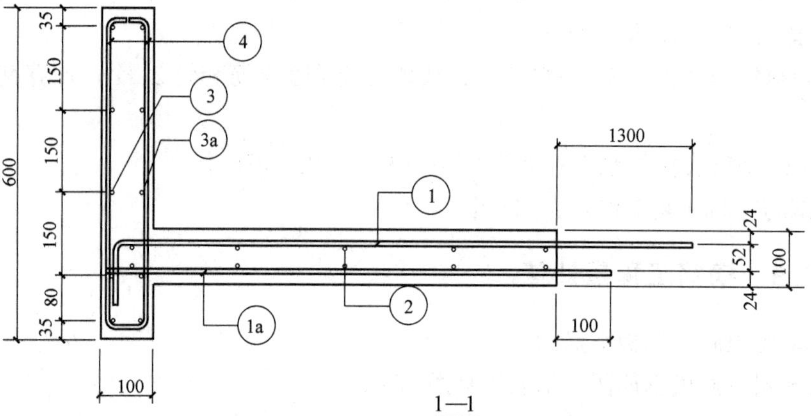

1—1

编号	数量	规格	钢筋大样	备注
①	14	Φ8	120 825 1300	上铁钢筋
①a	14	Φ8	830 100	下铁钢筋
②	10	Φ8	1270	分布钢筋
③	5	Φ8	645 1265 645	构造钢筋
③a	5	Φ8	585 1145 585	构造钢筋
④	28	Φ8	60 550 60	构造钢筋

图 12-13　现场预制 F-YKB01 空调板钢筋图与钢筋表（二）

解：空调板钢筋直径全部为 $\phi 8$（8mm）。先计算钢筋长度，然后计算钢筋质量。

① 14×(0.12+0.825+1.30)=14×2.245 = 31.43m

①a 14×(0.83+0.10=14×0.93 =13.02m

② 10×1.27=12.70m

③ 5×(0.645+1.265+0.645)= 5×2.555 = 12.78m

③a 5×(0.585+1.145+0.585)= 5×2.315 = 11.58m

④ 28×(0.06+0.55+0.06)=28×0.67 = 18.76m

长度小计：100.27m

$\phi 8$ 钢筋质量：100.27×8×8×0.006165=100.27×0.395=39.61kg

现场预制空调板 $\phi 8$ 钢筋质量为 39.61kg。

12.2.10　工程量汇总

上述 PC 构件工程量汇总见表 12-1。

住宅PC构件部分工程量汇总表　　表12-1

序号	名称	单位	工程量
1	PC叠合板	m^3	18.63
2	PC外墙板	m^3	26.51
3	PC内墙板	m^3	32.12
4	PC楼梯段	m^3	21.43
5	PCF板	m^3	7.09
6	现场预制空调板	m^3	3.87
7	预制空调板钢筋 $\phi8$	kg	39.61
8	$\phi12$ 钢筋套筒注浆	个	378

12.2.11 构件项目对应项目编码

住宅PC构件对应《房屋建筑与装饰工程工程量计算规范》GB 50854—2013的项目编码与名称，见表12-2～表12-6。

住宅PC构件部分工程量汇总表　　表12-2

序号	项目编码	名称	单位	工程量
1	010512001001	PC叠合板制运安	m^3	18.63
2	010512007001	PC外墙板制运安	m^3	26.51
3	010512007002	PC内墙板制运安	m^3	32.12
4	010513001001	PC楼梯段制运安	m^3	21.43
5	010512006001	PCF板制运安	m^3	7.09
6	010512006002	现场预制空调板制作与安装	m^3	3.87
7	010515002001	现场预制空调板 $\phi8$ 钢筋制安	kg	39.61
8	BC001	$\phi12$ 钢筋套筒注浆	个	378

预制混凝土板（编号：010512）　　表12-3

项目编码	项目名称	项目特征	计量单位	工程量计算规则	工作内容
010512001	平板	1. 图代号 2. 单件体积 3. 安装高度 4. 混凝土强度等级 5. 砂浆（细石混凝土）强度等级、配合比	1. m^3 2. 块	1. 以立方米计量，按设计图示尺寸以体积计算。不扣除单个面积≤300mm×300mm的孔洞所占体积，扣除空心板空洞体积 2. 以块计量，按设计图示尺寸以数量计算	1. 模板制作、安装、拆除、堆放、运输及清理模内杂物、刷隔离剂等 2. 混凝土制作、运输、浇筑、振捣、养护 3. 构件运输、安装 4. 砂浆制作、运输 5. 接头灌缝、养护
010512002	空心板				
010512003	槽形板				
010512004	网架板				
010512005	折线板				
010512006	带肋板				
010512007	大型板				
010512008	沟盖板、井盖板、井圈	1. 单件面积 2. 安装高度 3. 混凝土强度等级 4. 砂浆强度等级、配合比	1. m^3 2. 块（套）	1. 以立方米计量，按设计图示尺寸以体积计算 2. 以块计量，按设计图示尺寸以数量计算	

注：1. 以块、套计量，必须描述单件体积。
2. 不带肋的预制遮阳板、雨篷板、挑檐板、拦板等，应按本表平板项目编码列项。
3. 预制F形板、双T形板、单肋板和带反挑檐的雨篷板、挑檐板、遮阳板等，应按本表带肋板项目编码列项。
4. 预制大型墙板、大型楼板、大型屋面板等，按本表中大型板项目编码列项。

预制混凝土楼梯（编号：010513）　　　　表 12-4

项目编码	项目名称	项目特征	计量单位	工程量计算规则	工作内容
010513001	楼梯	1. 楼梯类型 2. 单件体积 3. 混凝土强度等级 5. 砂浆（细石混凝土）强度等级	1. m^2 2. 段	1. 以立方米计量，按设计图示尺寸以体积计算。扣除空心踏步板空洞体积 2. 以段计量，按设计图示数量计算	1. 模板制作、安装、拆除、堆放、运输及清理模内杂物、刷隔离剂等 2. 混凝土制作、运输、浇筑、振捣、养护 3. 构件运输、安装 4. 砂浆制作、运输 5. 接头灌缝、养护

注：以块计量，必须描述单件体积。

其他预制构件（编号：010514）　　　　表 12-5

项目编码	项目名称	项目特征	计量单位	工程量计算规则	工作内容
010514001	垃圾道、通风道、烟道	1. 单件体积 2. 混凝土强度等级 3. 砂浆强度等级	1. m^3 2. m^2 3. 根（块、套）	1. 以立方米计量，按设计图示尺寸以体积计算。不扣除单个面积≤300mm×300mm的孔洞所占体积，扣除烟道、垃圾道、通风道的孔洞所占体积 2. 以平方米计量，按设计图示尺寸以面积计算。不扣除单个面积≤300mm×300mm的孔洞所占面积 3. 以根计量，按设计图示尺寸以数量计算	1. 模板制作、安装、拆除、堆放、运输及清理模内杂物、刷隔离剂等 2. 混凝土制作、运输、浇筑、振捣、养护 3. 构件运输、安装 4. 砂浆制作、运输 5. 接头灌缝、养护
010514002	其他构件	1. 单件体积 2. 构件的类型 3. 混凝土强度等级 4. 砂浆强度等级			

注：1. 以块、根计量，必须描述单件体积。

2. 预制钢筋混凝土小型池槽、压顶、扶手、垫块、隔热板、花格等，按本表中其他构件项目编码列项。

钢筋工程（编号：010515）　　　　表 12-6

项目编码	项目名称	项目特征	计量单位	工程量计算规则	工作内容
010515001	现浇构件钢筋	钢筋种类、规格	t	按设计图示钢筋（网）长度（面积）乘单位理论质量计算	1. 钢筋制作、运输 2. 钢筋安装 3. 焊接（绑扎）
010515002	预制构件钢筋				

12.3 综合单价计算

12.3.1 概述

（1）重要意义

综合单价确定是编制装配式混凝土建筑工程量清单报价的关键技术之一。综合单价编制涉及的因素较多，综合性强，是造价人员必须掌握的关键技能。

(2) 编制依据

综合单价的编制依据包括：

1)《房屋建筑与装饰工程工程量计算规范》GB 50854—2013；

2)《建设工程工程量清单计价规范》GB 50500—2013；

3) 装配式建筑消耗量定额或地区预算定额（单位估价表）；

4) 地区费用定额；

5) 地区人材机指导单价；

6) 清单工程量。

综合单价根据地区人材机指导单价、地区预算定额（单位估价表）、地区费用定额编制，因此具有地区性且一般只适合用于针对性的某个装配式建筑工程量清单报价。

12.3.2 装配式混凝土建筑消耗量定额摘录

全国装配式建筑消耗量定额（安装）摘录见表 12-7～表 12-11。

板 **表 12-7**

工作内容：结合面清理，构件吊装、就位、校正、垫实、固定，接头钢筋调直、焊接，搭设及拆除钢支撑。

计量单位：$10m^3$

定额编号				1-4	1-5
项目				整体板	叠合板
名称			单位	消耗量	
人工	合计工日		工日	16.340	20.420
	其中	普工	工日	4.902	6.126
		一般技工	工日	9.804	12.252
		高级技工	工日	1.634	2.042
材料	预制混凝土整体板		m^3	10.050	—
	预制混凝土叠合板		m^3	—	10.050
	垫铁		kg	1.880	3.140
	低合金钢焊条 E43 系列		kg	3.660	6.100
	松杂板枋材		m^3	0.055	0.091
	立支撑杆件 $\phi 48 \times 3.5$		套	1.640	2.730
	零星卡具		kg	22.380	37.310
	钢支撑及配件		kg	23.910	39.850
	其他材料费		%	0.600	0.600
机械	交流弧焊机 32kV·A		台班	0.349	0.581

墙 **表 12-8**

工作内容：支撑杆连接件预埋，结合面清理，构件吊装、就位、校正、垫实、固定，接头钢筋调直、构件打磨、座浆料铺筑、填缝料填缝，搭设及拆除钢支撑。 计量单位：10m³

定额编号				1-6	1-7	1-8	1-9
项目				实心剪力墙			
				外墙板		内墙板	
				墙厚(mm)			
				≤200	>200	≤200	>200
名称			单位	消耗量			
人工	合计工日		工日	12.749	9.812	10.198	7.921
	其中	普工	工日	3.825	2.971	3.059	2.376
		一般技工	工日	7.649	5.941	6.119	4.753
		高级技工	工日	1.275	0.900	1.020	0.792
材料	预制混凝土外墙板		m³	10.050	10.050	—	—
	预制混凝土内墙板		m³	—	—	10.050	10.050
	垫铁		kg	12.491	9.577	9.990	7.695
	干混砌筑砂浆 DM M20		m³	0.100	0.100	0.090	0.090
	PE 棒		m	40.751	31.242	52.976	40.615
	垫木		m³	0.012	0.012	0.010	0.010
	斜支撑杆件 ϕ48×3.5		套	0.487	0.373	0.377	0.289
	预埋铁件		kg	9.307	7.136	7.448	5.710
	定位钢板		kg	4.550	4.550	3.640	3.640
	其他材料费		%	0.600	0.600	0.600	0.600
机械	干混砂浆罐式搅拌机		台班	0.010	0.010	0.009	0.009

注：预制墙板安装设计需采用橡胶气密条时，橡胶气密条材料费可另行计算。

楼梯 **表 12-9**

工作内容：结合面清理，构件吊装、就位、校正、垫实、固定，接头钢筋调直、焊接，灌缝、嵌缝，搭设及拆除钢支撑。 计量单位：10m³

定额编号				1-7	1-8
项目				直行梯段	
				简支	固支
名称			单位	消耗量	
人工	合计工日		工日	15.540	16.880
	其中	普工	工日	4.662	5.064
		一般技工	工日	9.324	10.128
		高级技工	工日	1.554	1.688

续表

定额编号			1-7	1-8
项目			直行梯段	
			简支	固支
名称		单位	消耗量	
材料	预制混凝土楼梯	m^3	10.050	10.050
	低合金钢焊条 E43 系列	kg	—	1.310
	垫铁	kg	18.070	9.030
	干混砌筑砂浆 DM M10	m^3	0.270	0.140
	垫木	m^3	0.019	—
	松杂板枋材	m^3	—	0.024
	立支撑杆件 $\phi48\times3.5$	套	—	0.720
	零星卡具	kg	—	9.800
	钢支撑及配件	kg	—	10.470
	其他材料费	%	0.600	0.600
机械	交流弧焊机 32kV·A	台班	—	0.125
	干混砂浆罐式搅拌机	台班	0.027	0.014

阳台板及其他 **表 12-10**

工作内容：支撑杆连接件预埋，结合面清理，构件吊装、就位、校正、垫实、固定，接头钢筋调直、焊接，构件打磨、座浆料铺筑、填缝料填缝，搭设及拆除钢支撑。 计量单位：$10m^3$

定额编号				1-19	1-20	1-21	1-22
项目				叠合板式阳台	全预制式阳台	凸(飘)窗	空调板
名称			单位	消耗量			
人工	合计工日		工日	21.700	17.250	18.320	23.870
	其中	普工	工日	6.510	5.175	5.496	7.161
		一般技工	工日	13.020	10.350	10.992	14.322
		高级技工	工日	2.170	1.725	1.832	2.387
材料	预制混凝土阳台板		m^3	10.050	10.050	—	—
	预制混凝土凸窗		m^3	—	—	10.050	—
	预制混凝土空调板		m^3	—	—	—	10.050
	垫铁		kg	5.240	2.620	18.750	5.760
	低合金钢焊条 E43 系列		kg	6.102	3.051	3.670	6.710
	干混砌筑砂浆 DM M20		m^3	—	—	0.160	—
	PE 棒		m	—	—	36.713	—
	垫木		m^3	—	—	0.021	—
	斜立支撑杆件 $\phi48\times3.5$		套	—	—	0.360	—
	预埋铁件		kg	—	—	13.980	—
	定位钢板		kg	—	—	7.580	—
	松杂板枋材		m^3	0.091	0.045	—	0.100
	立支撑杆件 $\phi48\times3.5$		套	2.730	1.364	—	3.000
	零星卡具		kg	37.310	18.653	—	41.040
	钢支撑及配件		kg	39.850	19.925	—	43.840
	其他材料费		%	0.600	0.600	0.600	0.600
机械	交流弧焊机 32kV·A		台班	0.581	0.291	0.350	0.639
	干混砂浆罐式搅拌机		台班	—	—	0.016	—

套筒注浆 **表 12-11**

工作内容：结合面清理、注浆料搅拌、注浆、养护、现场清理。 计量单位：10 个

定额编号				1-26	1-27
项目				套筒注浆	
				钢筋直径(mm)	
				≤ϕ18	>ϕ18
名称			单位	消耗量	
人工	合计工日		工日	0.220	0.240
	其中	普工	工日	0.066	0.072
		一般技工	工日	0.132	0.144
		高级技工	工日	0.022	0.024
材料	灌浆料		kg	5.630	9.470
	水		m^3	0.560	0.950
	其他材料费		%	3.000	3.000

12.3.3 房屋建筑与装饰工程消耗量定额摘录

全国房屋建筑与装饰工程消耗量定额摘录见表 12-12～表 12-15。

预制混凝土构件分类表 **表 12-12**

类别	项目
1	桩、柱、梁、板、墙单件体积≤1m^3、面积≤4m^2、长度≤5m
2	桩、柱、梁、板、墙单件体积>1m^3、面积>4m^2、5m<长度≤6m
3	6m 以上至 14m 的桩、柱、梁、板、屋架、桁架、托架(14m 以上另行计算)
4	天窗架、侧板、端壁板、天窗上下档及小型构件

小型构件 **表 12-13**

工作内容：浇筑、振捣、养护、起模归堆等。 计量单位：10m^3

定额编号				5-62	5-63
项目				漏空花格	小型构件
名称			单位	消耗量	
人工	合计工日		工日	10.635	10.584
	其中	普工	工日	3.190	3.176
		一般技工	工日	6.381	6.350
		高级技工	工日	1.064	1.058
材料	预拌混凝土 C20		m^3	10.100	10.100
	板枋材		m^3	0.584	1.468
	塑料薄膜		m^2	546.250	121.857
	水		m^3	33.000	7.910
	电		kW·h	1.500	1.500

构件带肋钢筋 表 12-14

工作内容：制作、运输、绑扎、安装等。 计量单位：t

定额编号				5-107	5-108	5-109	5-110
项目				带肋钢筋 HRB400 以内			
				直径(mm)			
				≤10	≤18	≤25	≤40
名称			单位	消耗量			
人工	合计工日		工日	7.742	6.826	4.699	3.839
	其中	普工	工日	2.323	2.047	1.410	1.152
		一般技工	工日	4.645	4.096	2.819	2.303
		高级技工	工日	0.774	0.683	0.470	0.384
材料	钢筋 HRB400 以内 ϕ10 以内		kg	1020.000	—	—	—
	钢筋 HRB400 以内 ϕ12～18		kg	—	1025.000	—	—
	钢筋 HRB400 以内 ϕ20～25		kg	—	—	1025.000	—
	钢筋 HRB400 以内 ϕ25 以上		kg	—	—	—	1025.000
	镀锌铁丝 ϕ0.7		kg	5.640	3.373	1.811	1.188
	低合金钢焊条 E43 系列		kg	—	5.400	4.800	—
	水		m^3	—	0.143	0.093	—
机械	钢筋调直机 40mm		台班	0.270	—	—	—
	钢筋切断机 40mm		台班	0.090	0.090	0.100	0.080
	钢筋弯曲机 40mm		台班	0.270	0.200	0.160	0.120
	直流弧焊机 32kV·A		台班	—	0.450	0.400	—
	对焊机 75kV·A		台班	—	0.110	0.060	—
	电焊条烘干箱 45×35×45(cm)		台班	—	0.045	0.040	—

混凝土构件运输 表 12-15

工作内容：设置一般支架（垫木条）、装车绑轧、运输、卸车堆放、支垫稳固等。

计量单位：$10m^3$

定额编号				5-303	5-304	5-305	5-306
项目				1 类预制混凝土构件			
				运距(≤1km)	场内每增减 0.5km	运距(≤10km)	场内每增减 1km
名称			单位	消耗量			
人工	合计工日		工日	1.120	0.046	1.960	0.092
	其中	普工	工日	0.336	0.013	0.588	0.028
		一般技工	工日	0.672	0.028	1.176	0.055
		高级技工	工日	0.112	0.005	0.196	0.009
材料	板枋材		m^3	0.110	—	0.011	—
	钢丝绳		kg	0.310	—	0.310	—
	镀锌铁丝 ϕ4.0		kg	1.500	—	1.500	—

续表

		名称	单位	消耗量			
机械		载重汽车 8t	台班	0.840	0.310	1.460	0.062
机械		汽车式起重机 12t	台班	0.560	0.023	0.980	0.046
定额编号				5-307	5-308	5-309	5-310
项目				2 类预制混凝土构件			
				运距(≤1km)	场内每增减 0.5km	运距(≤10km)	场外每增减 1km
		名称	单位	消耗量			
人工		合计工日	工日	0.780	0.034	1.400	0.068
人工	其中	普工	工日	0.234	0.011	0.420	0.020
人工	其中	一般技工	工日	0.468	0.020	0.840	0.041
人工	其中	高级技工	工日	0.078	0.003	0.140	0.007
材料		板枋材	m^3	0.110	—	0.110	—
材料		钢丝绳	kg	0.320	—	0.320	—
材料		镀锌铁丝 φ4.0	kg	3.140	—	3.140	—
机械		载重汽车 12t	台班	0.590	0.025	1.050	0.051
机械		汽车式起重机 20t	台班	0.390	0.017	0.700	0.034

12.3.4 某地区人材机指导价

某地区工程造价行政主管部门颁发的人材机指导价见表 12-16。

某地区人材机指导单价表（不含进项税） **表 12-16**

序号	名称	单位	单价	序号	名称	单位	单价
1	普工	元/工日	100.00	17	定位钢板	元/kg	4.00
2	一般技工	元/工日	140.00	18	灌浆料	元/kg	19.00
3	高级技工	元/工日	180.00	19	干混砌筑砂浆 DM M10	元/m^3	646.00
4	垫铁	元/kg	4.10	20	干混砌筑砂浆 DM M20	元/m^3	730.00
5	低合金钢焊条 E43 系列	元/kg	16.00	21	预拌混凝土 C30	元/m^3	780.00
6	立支撑杆件 φ48×3.5	元/套	55.80	22	PE 棒	元/m	4.00
7	斜支撑杆件 φ48×3.5	元/套	65.85	23	松杂板枋材	元/m^3	1800.00
8	零星卡具	元/kg	5.20	24	垫木	元/ m^3	1500.00
9	钢支撑及配件	元/kg	4.90	25	水	元/m^3	2.50
10	预埋铁件	元/kg	4.30	26	干混砂浆罐式搅拌机	元/台班	35.00
11	镀锌铁丝 φ4	元/kg	21.30	27	交流弧焊机 32kV·A	元/台班	28.00
12	镀锌铁丝 φ0.7	元/kg	23.10	28	载重汽车 8t	元/台班	330.00
13	钢丝绳	元/kg	33.78	29	载重汽车 12t	元/台班	550.00
					汽车式起重机 20t	元/台班	1560.00
14	HRB400 Φ 10 内钢筋	元/ kg	4.51	30	钢筋调直机 40mm	元/台班	52.00
15	塑料薄膜	元/m^2	0.58	31	钢筋切断机 40mm	元/台班	55.00
16	电	kW·h	2.80	32	钢筋弯曲机 40mm	元/台班	64.00

12.3.5 PC构件出厂价

PC构件出厂价见表12-17。

PC构件出厂价（含运输费）　　表12-17

序号	构件名称	出厂价(元/m³)
1	PC叠合板	2240.00
2	PC外墙板	3860.00
3	PC内墙板	3100.00
4	PC楼梯段	3260.00
5	PCF板	3480.00

12.3.6 编制单位估价表（预算定额）

本教材采用了装配式建筑消耗量定额，需要编制单位估价表（预算定额）才能方便编制出综合单价。

如果采用有价格的地区计价定额，就不用完成这部分的工作内容。

（1）PC叠合板安装单位估价表（预算定额）

PC叠合板单位估价表（预算定额）见表12-18。

主要步骤如下：

1）将表12-7中定额编号“1-5”的定额消耗量数据填写到表12-18中；

2）将表12-16、表12-17中有关单价填写到表12-18中；

3）计算人工费、材料费、机械费；

4）将人材机费用汇总为“基价”。

PC叠合板安装单位估价表　　表12-18

定额编号				1-15
项　目				叠合板安装（每10 m³）
基价(元)				26044.50
其中	人工费(元)			2695.44
	材料费(元)			23327.89+4.90=23332.79
	机械费(元)			16.27
名　称		单位	单价	消耗量
人工	普工	工日	100	6.126
	一般技工	工日	140	12.252
	高级技工	工日	180	2.042
材料	预制叠合板	m³	2240.00	10.050
	垫铁	kg	4.10	3.140
	低合金钢焊条E43	kg	16.00	6.100
	松杂板枋材	m³	1800.00	0.091
	立支撑杆件 ϕ48×3.5	套	55.80	2.730
	零星卡具	kg	5.20	37.310
	钢支撑及配件	kg	4.90	39.850
	其他材料费	元	非主材费×0.6%	4.90
机械	交流弧焊机32kV·A	台班	28.00	0.581

注：其他材料费=非主材费×0.6%=815.89×0.6%=4.90元。

（2）PC 外墙板安装单位估价表（预算定额）

将表 12-8 消耗量数据和表 12-16、表 12-17 中有关单价填写到表 12-19 中，计算过程见表 12-19。

PC 外墙板安装单位估价表　　表 12-19

定额编号				1-6-1
项　目				外墙板安装 墙厚≤200mm （每 10 m³）
基价(元)				40874.09
其中	人工费(元)			1682.86
	材料费(元)			39190.88
	机械费(元)			0.35
名　称		单位	单价	消耗量
人工	普工	工日	100	3.825
	一般技工	工日	140	7.649
	高级技工	工日	180	1.275
材料	预制混凝土外墙板	m³	3860.00	10.050
	垫铁	kg	4.10	12.491
	干混砌筑砂浆 DM M20	m³	730.00	0.100
	PE 棒	m	4.00	40.751
	垫木	m³	1500.00	0.012
	斜支撑杆件 ϕ48×3.5	套	65.85	0.487
	预埋铁件	kg	4.30	9.307
	定位钢板	kg	4.00	4.550
	其他材料费	元	非主材费×0.6%	2.37
机械	干混砂浆罐式搅拌机	台班	35.00	0.010

注：其他材料费=非主材费×0.6%=395.51×0.6%=2.37 元。

（3）PC 内墙板安装单位估价表（预算定额）

将表 12-8 消耗量数据和表 12-16、表 12-17 中有关单价填写到表 12-19 中，计算过程见表 12-20。

PC 内墙板安装单位估价表　　表 12-20

定额编号				1-6-2
项　目				内墙板安装 墙厚≤200mm （每 10 m³）
基价(元)				33236.09
其中	人工费(元)			1682.86
	材料费(元)			31552.88
	机械费(元)			0.35
名　称		单位	单价	消耗量
人工	普工	工日	100	3.825
	一般技工	工日	140	7.649
	高级技工	工日	180	1.275

续表

定额编号				1-6-2
名 称		单位	单价	消耗量
材料	预制混凝土内墙板	m^3	3100.00	10.050
	垫铁	kg	4.10	12.491
	干混砌筑砂浆 DM M20	m^3	730.00	0.100
	PE 棒	m	4.00	40.751
	垫木	m^3	1500.00	0.012
	斜支撑杆件 ϕ48×3.5	套	65.85	0.487
	预埋铁件	kg	4.30	9.307
	定位钢板	kg	4.00	4.550
	其他材料费	元	非主材费×0.6%	2.37
机械	干混砂浆罐式搅拌机	台班	35.00	0.010

注：其他材料费=非主材费×0.6%=395.51×0.6%=2.37 元。

(4) PC 楼梯段安装单位估价表（预算定额）

将表 12-9 消耗量数据和表 12-16、表 12-17 中有关单价填写到表 12-19 中，计算过程见表 12-21。

PC 楼梯段安装单位估价表 **表 12-21**

定额编号				1-18
项 目				直行楼梯安装（每 10 m^3）
基价(元)				35331.21
其中	人工费(元)			2228.16
	材料费(元)			33099.06
	机械费(元)			3.99
名 称		单位	单价	消耗量
人工	普工	工日	100	5.064
	一般技工	工日	140	10.128
	高级技工	工日	180	1.688
材料	预制混凝土楼梯	m^3	3260.00	10.050
	垫铁	kg	4.10	9.030
	低合金钢焊条 E43	kg	16.00	1.310
	干混砌筑砂浆 DM M10	m^3	646.00	0.140
	松杂板枋材	m^3	1800.00	0.024
	立支撑杆件 ϕ48×3.5	套	55.80	0.720
	零星卡具	kg	5.20	9.800
	钢支撑及配件	kg	4.90	10.470
	其他材料费	元	非主材费×0.6%	2.00
机械	交流弧焊机 32kV·A	台班	28.00	0.125
	干混砂浆罐式搅拌机	台班	35.00	0.014

注：其他材料费=非主材费×0.6%=334.06×0.6%=2.00 元。

(5) PCF 板安装单位估价表（预算定额）

将表 12-10（1-21 定额代）消耗量数据和表 12-16、表 12-17 中有关单价填写到表 12-22中，计算过程见表 12-22。

PCF 板安装单位估价表　　表 12-22

定额编号				1-21(代)
项　目				PCF 板安装（每 10 m^3）
基价(元)				34173.46
其中	人工费(元)			2518.14
	材料费(元)			31644.96
	机械费(元)			10.36
名　称		单位	单价	消耗量
人工	普工	工日	100	5.496
	一般技工	工日	140	10.992
	高级技工	工日	180	2.387
材料	预制混凝土 PCF 板	m^3	3100.00	10.050
	垫铁	kg	4.10	18.75
	低合金钢焊条 E43	kg	16.00	3.670
	干混砌筑砂浆 DM M20	m^3	730.00	0.160
	PE 棒	m	4.00	36.712
	垫木	m^3	1500.00	0.021
	斜支撑杆件 ϕ48×3.5	kg	65.85	0.360
	预埋铁件	kg	4.30	7.58
	其他材料费	元	非主材费×0.6%	2.92
机械	交流弧焊机 32kV·A	台班	28.00	0.350
	干混砂浆罐式搅拌机	台班	35.00	0.016

注：其他材料费=非主材费×0.6%=487.04×0.6%=2.92 元。

（6）现场预制空调板安装单位估价表（预算定额）

将表 12-10（1-22）消耗量数据和表 12-16、表 12-17 中有关单价填写到表 12-23 中，计算过程见表 12-23。

现场预制空调板安装单位估价表　　表 12-23

定额编号				1-22
项　目				空调板安装（每 10 m^3）
基价(元)				4080.77
其中	人工费(元)			3150.84
	材料费(元)			912.04
	机械费(元)			17.89
名　称		单位	单价	消耗量
人工	普工	工日	100	7.161
	一般技工	工日	140	14.322
	高级技工	工日	180	2.387
材料	预制空调板	m^3	—	—
	垫铁	kg	4.10	5.760
	低合金钢焊条 E43	kg	16.00	6.710
	立支撑杆件 ϕ48×3.5	套	55.80	3.00
	松杂板枋材	m^3	1800.00	0.100
	零星卡具	kg	5.20	41.04
	钢支撑及配件	kg	4.90	43.84
	其他材料费	元	非主材费×0.6%	5.44
机械	交流弧焊机 32kV·A	台班	28.00	0.639

注：其他材料费=非主材费×0.6%=906.60×0.6%=5.44 元。

（7）现场预制空调板单位估价表（预算定额）

将表 12-13（5-63 定额）消耗量数据和表 12-16、表 12-17 中有关单价填写到表 12-24中，计算过程见表 12-24。

现场预制空调板安装单位估价表 **表 12-24**

定额编号				5-63
项　目				空调板预制（每 10 m^3）
基价(元)				12012.09
其中	人工费(元)			1397.04
	材料费(元)			10615.05
	机械费(元)			—
名　称		单位	单价	消耗量
人工	普工	工日	100	3.176
	一般技工	工日	140	6.350
	高级技工	工日	180	1.058
材料	预拌混凝土 C30	m^3	780.00	10.100
	松杂板枋材	m^3	1800.00	1.468
	塑料薄膜	m^2	0.58	121.857
	水	m^3	2.50	7.910
	电	kW·h	2.80	1.500
机械				

（8）空调板钢筋制安单位估价表（预算定额）

将表 12-14（5-107 定额）消耗量数据和表 12-16、表 12-17 中有关单价填写到表 12-25中，计算过程见表 12-25。

空调板钢筋制安单位估价表 **表 12-25**

定额编号				5-107
项　目				HRB400 ⌀ 10 以内钢筋（每 t）
基价(元)				5788.67
其中	人工费(元)			1021.92
	材料费(元)			4730.48
	机械费(元)			36.27
名　称		单位	单价	消耗量
人工	普工	工日	100	2.323
	一般技工	工日	140	4.645
	高级技工	工日	180	0.774
材料	HRB400 ⌀ 10 以内钢筋	kg	4.51	1020.00
	镀锌铁丝 ϕ0.7	kg	23.10	5.640
机械	钢筋调直机 40mm	台班	52.00	0.270
	钢筋切断机 40mm	台班	55.00	0.090
	钢筋弯曲机 40mm	台班	64.00	0.270

(9) 一类预制混凝土构件运输单位估价表(预算定额)

将表 12-15(5-305、5-306 定额)消耗量数据和表 12-16、表 12-17 中有关单价填写到表 12-26 中,计算过程见表 12-26。

一类预制混凝土构件运输单位估价表 **表 12-26**

定额编号				5-305	5-306
项目				每 10m³	
				运距(≤10km)	每增减 1km
基价(元)				1519.94	57.88
其中	人工费(元) 材料费(元) 机械费(元)			258.72 240.42 1020.80	12.12 — 45.76
名称		单位	单价	消耗量	
人工	普工 一般技工 高级技工	工日 工日 工日	100 140 180	0.588 1.176 0.196	0.028 0.055 0.009
材料	枋板材 钢丝绳 镀锌铁丝 φ4	m³ kg kg	1800.00 33.78 21.30	0.110 0.310 1.50	
机械	载重汽车 8t 载重汽车 12t	台班 台班	330.00 550.00	1.460 0.980	0.062 0.046

(10) 二类预制混凝土构件运输单位估价表(预算定额)

将表 12-15(5-309、5-310 定额)消耗量数据和表 12-16、表 12-17 中有关单价填写到表 12-27 中,计算过程见表 12-27。

二类预制混凝土构件运输单位估价表 **表 12-27**

定额编号				5-309	5-310
项目				每 10m³	
				运距(≤10km)	每增减 1km
基价(元)				2129.99	90.09
其中	人工费(元) 材料费(元) 机械费(元)			184.80 275.69 1669.50	9.00 — 81.09
名称		单位	单价	消耗量	
人工	普工 一般技工 高级技工	工日 工日 工日	100 140 180	0.420 0.840 0.140	0.020 0.041 0.007
材料	枋板材 钢丝绳 镀锌铁丝 φ4	m³ kg kg	1800.00 33.78 21.30	0.110 0.320 3.14	
机械	载重汽车 2t 载重汽车 20t	台班 台班	550.00 1560.00	1.050 0.700	0.051 0.0340

（11）套筒注浆单位估价表（预算定额）

将表12-11（1-26）消耗量数据和表12-16、表12-17中有关单价填写到表12-28中，计算过程见表12-28。

套筒灌浆单位估价表　　　　表12-28

定额编号				1-26
项　目				套筒注浆 钢筋直径≤ϕ18 （每10个）
基价（元）				140.66
其中	人工费（元） 材料费（元） 机械费（元）			29.04 111.62 —
名　称		单位	单价	消耗量
人工	普工 一般技工 高级技工	工日 工日 工日	100 140 180	0.066 0.132 0.022
材料	灌浆料 水 其他材料费	kg m^3 元	19.00 2.50 材料费×3%	5.630 0.560 3.25
机械	—	—	—	—

注：其他材料费=非主材费×3%=108.37×3%=3.25元。

12.3.7　编制综合单价

（1）分部分项工程量清单项目与预算定额（单位估价表）之间的关系

注意：《房屋建筑与装饰工程工程量计算规范》GB 50854—2013中预制混凝土楼梯分项工程项目的工作内容包含构件制作、运输和安装等内容（表12-29）。

预制混凝土楼梯（编号：010513）　　　　表12-29

项目编码	项目名称	项目特征	计量单位	工程量计算规则	工作内容
010513001	楼梯	1. 楼梯类型 2. 单体体积 3. 混凝土强度等级 4. 砂浆（细石混凝土）强度等级	1. m^3 2. 段	1. 以立方米计量，按设计图示尺寸以体积计算。扣除空心踏步板空洞体积 2. 以段计量，按设计图示数量计算	1. 模板制作、安装、拆除、堆放、运输及清理模内杂物、刷隔离剂等 2. 混凝土制作、运输、浇筑、振捣、养护 3. 构件运输、安装 4. 砂浆制作、运输 5. 接头灌缝、养护

注：以块计量，必须描述单件体积。

但是预算定额是将"预制混凝土楼梯分项工程项目"分别编制了制作定额、运输定额和安装定额3个（或者两个或者一个）定额。

所以，以分部分项工程量清单项目为依据报价的"预制混凝土楼梯分项工程项目"

的综合单价要由三个预算定额项目综合而成。

本实例的分部分项工程量清单项目与预算定额项目对应见表 12-30。

分部分项工程量清单项目与预算定额项目对应表 **表 12-30**

序号	清单项目		定额项目		单 位	工程量
	项目编码	名 称	定额号	名称		
1	010512001001	PC 叠合板制运安	出厂价	PC 叠合板采购	m³	18.63
			5-306 加 5-306	PC 叠合板运输		
			1-5	PC 叠合板安装		
2	010512007001	PC 外墙板制运安	出厂价	PC 外墙板采购	m³	26.51
			5-309 加 5-310	PC 外墙板运输		
			1-6-1	PC 外墙板安装		
3	010512007002	PC 内墙板制运安	出厂价	PC 内墙板采购	m³	32.12
			5-309 加 5-310	PC 内墙板运输		
			1-6-2	PC 内墙板安装		
4	010513001001	PC 楼梯段制运安	出厂价	PC 楼梯段采购	m³	21.43
			5-309 加 5-310	PC 楼梯段运输		
			1-18	PC 楼梯段安装		
5	010512006001	PCF 板制运安	出厂价	PCF 板采购	m³	7.09
			5-306 加 5-306	PCF 板运输		
			1-21(代)	PCF 板安装		
6	010512006002	现场预制空调板制作与安装	1-22	空调板预制	m³	3.87
			1-26	空调板安装		
7	010515002001	现场预制空调板 ϕ8 钢筋制安	5-107	空调板 ϕ8 钢筋制安	kg	39.61
8	BC001(补充)	ϕ12 钢筋套筒注浆	1-26	ϕ12 钢筋套筒注浆	个	378

说明：本表中除现场预制外其他全部预制构件的运输距离为 15km。

(2) 管理费与利润标准

某地区管理费与利润标准：

1) 企业管理费＝人工费×30％

2) 利润＝人工费×25％

(3) PC 叠合板制运安综合单价编制

根据表 12-30 中的信息和有关叠合板单位估价表（预算定额）编制的综合单价见表 12-31。

(4) PC 外墙板制运安综合单价编制

根据表 12-30 中的信息和有关外墙板单位估价表（预算定额）编制的综合单价见表 12-32。

预制叠合板制运安综合单价分析表 表 12-31

项目编码			010512001001		项目名称		预制叠合板制运安			计量单位	m^3
清单综合单价组成明细											
定额编号	定额项目名称	定额单位	数量	单价				合价			
				人工费	材料费	机械费	管理费和利润	人工费	材料费	机械费	管理费和利润
5-306	PC板运(10km)	$10m^3$	0.1	258.72	240.42	1020.80	142.30	25.87	24.04	102.08	14.23
5-306	PC板加运5km	$10m^3$	0.5	12.12	—	45.76	6.67	6.06	0.00	22.88	3.33
1-5	PC板安装	$10m^3$	0.1	2695.44	23332.79	16.27	1482.49	269.54	2333.28	1.63	148.25
人工单价		小计						301.48	2357.32	126.59	165.81
元/工日		未计价材料费									
清单项目综合单价								2951.20			
主要材料费明细	主要材料名称、规格、型号					单位	数量	单价(元)	合价(元)	暂估单价(元)	暂估合价(元)
	垫铁					kg	0.314	4.10	1.29		
	低合金钢焊条E43					kg	0.61	16.00	9.76		
	松杂板枋材					m^3	0.0201	1800.00	36.18		
	立支撑杆件 $\phi48\times3.5$					套	0.273	55.80	15.23		
	零星卡具					kg	3.731	5.20	19.40		
	钢支撑及配件					kg	3.985	4.90	19.53		
	钢丝绳					kg	0.031	33.78	1.05		
	镀锌铁丝 $\phi4$					kg	0.150	21.30	3.20		
	PC板出厂价					m^3	1.005	2240.00	2251.20		
	其他材料费							—	0.49	—	
	材料费小计							—	2357.32	—	

注：企业管理费=人工费×30%；利润=人工费×25%。

(5) PC内墙板制运安综合单价编制

根据表12-30中的信息和有关内墙板单位估价表（预算定额）编制的综合单价见表12-33。

预制外墙板制运安综合单价分析表 **表 12-32**

项目编码	010512007001	项目名称	预制外墙板制运安	计量单位	m^3

定额编号	定额项目名称	定额单位	数量	单价				合价			
清单综合单价组成明细											
				人工费	材料费	机械费	管理费和利润	人工费	材料费	机械费	管理费和利润
5-309	PC 板运(10km)	$10m^3$	0.1	184.80	275.69	1669.50	101.64	18.48	27.57	166.95	10.16
5-310	PC 板加运 5km	$10m^3$	0.5	9.00	—	81.09	4.95	4.50	0.00	40.55	2.48
1-6-1	PC 板安装	$10m^3$	0.1	1682.86	39190.88	0.35	925.57	168.29	3919.09	0.04	92.56
人工单价		小计						191.27	3946.66	207.53	105.20
元/工日		未计价材料费									
清单项目综合单价								4450.65			

主要材料费明细	主要材料名称、规格、型号	单位	数量	单价(元)	合价(元)	暂估单价(元)	暂估合价(元)
	垫铁	kg	1.2491	4.10	5.12		
	板枋材	m^3	0.011	1800.00	19.80		
	干混砌筑砂浆 DM M20	m^3	0.010	730.00	7.30		
	斜支撑杆件 ϕ48×3.5	套	0.0487	65.85	3.21		
	PE 棒	m	4.0751	4.00	16.30		
	垫木	kg	0.0012	1500.00	1.80		
	预埋铁件	kg	0.9307	4.30	4.00		
	定位钢板	kg	0.455	4.00	1.82		
	钢丝绳	kg	0.032	33.78	1.08		
	镀锌铁丝 ϕ4	kg	0.314	21.30	6.69		
	PC 外墙板出厂价	m^3	1.005	3860.00	3879.30		
	其他材料费			—	0.24	—	
	材料费小计			—	3946.66	—	

注：企业管理费＝人工费×30％；利润＝人工费×25％。

预制内墙板制运安综合单价分析表 表12-33

项目编码		010512007001		项目名称			预制内墙板制运安			计量单位	m³
清单综合单价组成明细											
定额编号	定额项目名称	定额单位	数量	单价				合价			
				人工费	材料费	机械费	管理费和利润	人工费	材料费	机械费	管理费和利润
5-309	PC板运(10km)	10m³	0.1	184.80	275.69	1669.50	101.64	18.48	27.57	166.95	10.16
5-310	PC板加运5km	10m³	0.5	9.00	—	81.09	4.95	4.50	0.00	40.55	2.48
1-6-2	PC板安装	10m³	0.1	1682.86	31552.88	0.35	925.57	168.29	3155.29	0.04	92.56
人工单价		小计						191.27	3182.86	207.54	105.20
元/工日		未计价材料费									
清单项目综合单价								3686.87			

	主要材料名称、规格、型号	单位	数量	单价(元)	合价(元)	暂估单价(元)	暂估合价(元)
主要材料费明细	垫铁	kg	1.2491	4.10	5.12		
	板枋材	m³	0.011	1800.00	19.80		
	干混砌筑砂浆DM M20	m³	0.010	730.00	7.30		
	斜支撑杆件 ϕ48×3.5	套	0.0487	65.85	3.21		
	PE棒	m	4.0751	4.00	16.30		
	垫木	kg	0.0012	1500.00	1.80		
	预埋铁件	kg	0.9307	4.30	4.00		
	定位钢板	kg	0.455	4.00	1.82		
	钢丝绳	kg	0.032	33.78	1.08		
	镀锌铁丝 ϕ4	kg	0.314	21.30	6.69		
	PC内墙板出厂价	m³	1.005	3100.00	3115.50		
	其他材料费			—	0.24	—	
	材料费小计			—	3182.86	—	

注：企业管理费=人工费×30%；利润=人工费×25%。

(6) PC楼梯段制运安综合单价编制

根据表 12-30 中的信息和有关楼梯段单位估价表（预算定额）编制的综合单价见表 12-34。

预制楼梯段制运安综合单价分析表 **表 12-34**

<table>
<tr><td colspan="2">项目编码</td><td colspan="2">010513001001</td><td colspan="2">项目名称</td><td colspan="4">预制楼梯段制运安</td><td>计量单位</td><td>m³</td></tr>
<tr><td colspan="12">清单综合单价组成明细</td></tr>
<tr><td rowspan="2">定额编号</td><td rowspan="2">定额项目名称</td><td rowspan="2">定额单位</td><td rowspan="2">数量</td><td colspan="4">单　价</td><td colspan="4">合　价</td></tr>
<tr><td>人工费</td><td>材料费</td><td>机械费</td><td>管理费和利润</td><td>人工费</td><td>材料费</td><td>机械费</td><td>管理费和利润</td></tr>
<tr><td>5-309</td><td>楼梯运输(10km)</td><td>10m³</td><td>0.1</td><td>184.80</td><td>275.69</td><td>1669.50</td><td>101.64</td><td>18.48</td><td>27.57</td><td>166.95</td><td>10.16</td></tr>
<tr><td>5-310</td><td>楼梯加运 5km</td><td>10m³</td><td>0.5</td><td>9.00</td><td>—</td><td>81.09</td><td>4.95</td><td>4.5</td><td>0</td><td>40.55</td><td>2.48</td></tr>
<tr><td>1-18</td><td>楼梯段安装</td><td>10m³</td><td>0.1</td><td>2228.16</td><td>33099.06</td><td>3.99</td><td>1225.49</td><td>222.82</td><td>3309.91</td><td>0.40</td><td>122.55</td></tr>
<tr><td colspan="3">人工单价</td><td colspan="5">小计</td><td>245.80</td><td>3337.48</td><td>207.90</td><td>135.19</td></tr>
<tr><td colspan="3">元/工日</td><td colspan="5">未计价材料费</td><td colspan="4"></td></tr>
<tr><td colspan="8">清单项目综合单价</td><td colspan="4">3926.36</td></tr>
<tr><td rowspan="13">主要材料费明细</td><td colspan="4">主要材料名称、规格、型号</td><td colspan="2">单位</td><td>数量</td><td>单价（元）</td><td>合价（元）</td><td>暂估单价(元)</td><td>暂估合价(元)</td></tr>
<tr><td colspan="4">垫铁</td><td colspan="2">kg</td><td>0.903</td><td>4.10</td><td>3.70</td><td></td><td></td></tr>
<tr><td colspan="4">板枋材</td><td colspan="2">m³</td><td>0.0134</td><td>1800.00</td><td>24.12</td><td></td><td></td></tr>
<tr><td colspan="4">干混砌筑砂浆 DM M10</td><td colspan="2">m³</td><td>0.014</td><td>646.00</td><td>9.04</td><td></td><td></td></tr>
<tr><td colspan="4">立支撑杆件 $\phi48\times3.5$</td><td colspan="2">套</td><td>0.072</td><td>55.80</td><td>4.02</td><td></td><td></td></tr>
<tr><td colspan="4">低合金钢焊条 E43</td><td colspan="2">kg</td><td>0.131</td><td>16.00</td><td>2.10</td><td></td><td></td></tr>
<tr><td colspan="4">零星卡具</td><td colspan="2">kg</td><td>0.98</td><td>5.20</td><td>5.10</td><td></td><td></td></tr>
<tr><td colspan="4">钢支撑及配件</td><td colspan="2">kg</td><td>1.047</td><td>4.90</td><td>5.13</td><td></td><td></td></tr>
<tr><td colspan="4">钢丝绳</td><td colspan="2">kg</td><td>0.032</td><td>33.78</td><td>1.08</td><td></td><td></td></tr>
<tr><td colspan="4">镀锌铁丝 $\phi4$</td><td colspan="2">kg</td><td>0.314</td><td>21.30</td><td>6.69</td><td></td><td></td></tr>
<tr><td colspan="4">预制混凝土楼梯出厂价</td><td colspan="2">m³</td><td>1.005</td><td>3260.00</td><td>3276.30</td><td></td><td></td></tr>
<tr><td colspan="7">其他材料费</td><td>—</td><td>0.20</td><td>—</td><td></td></tr>
<tr><td colspan="7">材料费小计</td><td>—</td><td>3337.48</td><td>—</td><td></td></tr>
</table>

注：企业管理费＝人工费×30%；利润＝人工费×25%。

(7) PCF板制运安综合单价编制

根据表12-30中的信息和有关PCF板单位估价表（预算定额）编制的综合单价见表12-35。

预制PCF板制运安综合单价分析表 **表12-35**

项目编码		010512006001		项目名称		预制PCF板制运安			计量单位		m^3
清单综合单价组成明细											
定额编号	定额项目名称	定额单位	数量	单价				合价			
				人工费	材料费	机械费	管理费和利润	人工费	材料费	机械费	管理费和利润
5-306	PC板运(10km)	$10m^3$	0.1	258.72	240.42	1020.80	142.30	25.87	24.04	102.08	14.23
5-306	PC板加运5km	$10m^3$	0.5	12.12	—	45.76	6.67	6.06	0.00	22.88	3.33
1-5	PCF板安装	$10m^3$	0.1	2518.14	31644.96	10.36	1384.98	251.81	3164.50	1.04	138.50
人工单价		小计						283.74	3188.54	126.00	156.06
元/工日		未计价材料费									
清单项目综合单价								3754.33			

	主要材料名称、规格、型号	单位	数量	单价(元)	合价(元)	暂估单价(元)	暂估合价(元)
主要材料费明细	垫铁	kg	1.875	4.10	7.69		
	低合金钢焊条E43	kg	0.367	16.00	5.87		
	板枋材	m^3	0.011	1800.00	19.80		
	垫木	m^3	0.0021	1500.00	3.15		
	斜支撑杆件$\phi48\times3.5$	套	0.036	65.85	2.37		
	干混砌筑砂浆DM M20	m^3	0.016	730.00	11.68		
	PE棒	m	3.6712	4.00	14.68		
	预埋铁件	kg	0.758	4.30	3.26		
	钢丝绳	kg	0.031	33.78	1.05		
	镀锌铁丝$\phi4$	kg	0.150	21.30	3.20		
	PCF板出厂价	m^3	1.005	3100.00	3115.50		
	其他材料费			—	0.29	—	
	材料费小计			—	3188.54	—	

注：企业管理费=人工费×30%；利润=人工费×25%。

(8) 现场预制阳台板制作安装综合单价编制

根据表 12-30 中的信息和有关现场预制阳台板单位估价表（预算定额）编制的综合单价见表 12-36。

现场预制阳台板制安综合单价分析表 **表 12-36**

项目编码		010512006002		项目名称		空调板制安				计量单位	m^3
清单综合单价组成明细											
定额编号	定额项目名称	定额单位	数量	单价				合价			
				人工费	材料费	机械费	管理费和利润	人工费	材料费	机械费	管理费和利润
1-22	空调板安装	$10m^3$	0.1	3150.84	912.04	17.89	1732.96	315.08	91.20	1.79	173.30
5-63	空调板预制	$10m^3$	0.1	1397.04	10615.05	—	768.37	139.70	1061.51	0.00	76.84
人工单价		小计						454.79	1152.71	1.79	250.13
元/工日		未计价材料费									
清单项目综合单价								1859.42			
主要材料费明细	主要材料名称、规格、型号					单位	数量	单价（元）	合价（元）	暂估单价（元）	暂估合价（元）
	垫铁					kg	0.576	4.10	2.36		
	板枋材					m^3	0.1568	1800.00	282.24		
	立支撑杆件 $\phi48\times3.5$					套	0.30	55.80	16.74		
	低合金钢焊条 E43					kg	0.671	16.00	10.74		
	零星卡具					kg	4.104	5.20	21.34		
	钢支撑及配件					kg	4.384	4.90	21.48		
	预拌混凝土 C30					m^3	1.01	780.00	787.80		
	塑料薄膜					m^2	12.1857	0.58	7.07		
	水					m^3	2.50	0.791	1.98		
	电					kWh	2.80	0.15	0.42		
	其他材料费							—	0.54	—	
	材料费小计							—	1152.71	—	

注：企业管理费=人工费×30%；利润=人工费×25%。

(9) 现场预制阳台板钢筋制作安装综合单价编制

根据表 12-30 中的信息和有关现场预制阳台板单位估价表（预算定额）编制的综合单价见表 12-37。

现场预制阳台板钢筋制安综合单价分析表　　表 12-37

项目编码	010515002001	项目名称	空调板钢筋制安					计量单位	t		
清单综合单价组成明细											
定额编号	定额项目名称	定额单位	数量	单价				合价			
				人工费	材料费	机械费	管理费和利润	人工费	材料费	机械费	管理费和利润
5-107	空调板钢筋制安	t	1	1021.92	4730.48	36.27	562.06	1021.92	4730.48	36.27	562.06
人工单价		小计						1021.92	4730.48	36.27	562.06
元/工日		未计价材料费									
清单项目综合单价								6350.73			
主要材料费明细	主要材料名称、规格、型号				单位	数量		单价（元）	合价（元）	暂估单价（元）	暂估合价（元）
	HRB400ϕ10 以内钢筋				kg	1020.00		4.51	4600.20		
	镀锌铁丝 ϕ0.7				kg	5.640		23.10	130.28		
	其他材料费							—		—	
	材料费小计							—	4730.48	—	

注：企业管理费=人工费×30%；利润=人工费×25%。

（10）钢筋套筒注浆综合单价编制

根据表 12-30 中的信息和有关钢筋套筒注浆单位估价表（预算定额）编制的综合单价见表 12-38。

钢筋套筒注浆综合单价分析表　　表 12-38

项目编码	BC001(补充)	项目名称	钢筋套筒注浆					计量单位	个		
清单综合单价组成明细											
定额编号	定额项目名称	定额单位	数量	单价				合价			
				人工费	材料费	机械费	管理费和利润	人工费	材料费	机械费	管理费和利润
1-26	套筒注浆	个	0.1	29.04	111.62	—	15.97	2.90	11.16	—	1.60
人工单价		小计						2.90	11.16		1.60
元/工日		未计价材料费									
清单项目综合单价								15.66			
主要材料费明细	主要材料名称、规格、型号				单位	数量		单价（元）	合价（元）	暂估单价（元）	暂估合价（元）
	灌浆料				kg	0.563		19.00	10.70		
	水				m^3	0.0560		2.50	0.14		
	其他材料费							—	0.33	—	
	材料费小计							—	11.17	—	

注：企业管理费=人工费×30%；利润=人工费×25%。

12.4 计算分部分项工程费

12.4.1 整理表格内容

（1）填写表格项目和编码项目名称

根据表 12-30 内容填写项目和编码项目名称，见表 12-39。

分部分项工程和单价措施项目清单与计价表　　表 12-39

工程名称：××工程　　标段：　　第 1 页　共 1 页

<table>
<tr><th rowspan="3">序号</th><th rowspan="3">项目编码</th><th rowspan="3">项目名称</th><th rowspan="3">项目特征描述</th><th rowspan="3">计量单位</th><th rowspan="3">工程量</th><th colspan="3">金额(元)</th></tr>
<tr><th rowspan="2">综合单价</th><th rowspan="2">合价</th><th>其中</th></tr>
<tr><th>暂估价</th></tr>
<tr><td></td><td></td><td>E. 混凝土工程</td><td></td><td></td><td></td><td></td><td></td><td></td></tr>
<tr><td>1</td><td>010512001001</td><td>PC 叠合板</td><td></td><td></td><td></td><td></td><td></td><td></td></tr>
<tr><td>2</td><td>010512007001</td><td>PC 外墙板</td><td></td><td></td><td></td><td></td><td></td><td></td></tr>
<tr><td>3</td><td>010512007002</td><td>PC 内墙板</td><td></td><td></td><td></td><td></td><td></td><td></td></tr>
<tr><td>4</td><td>010513001001</td><td>PC 楼梯段</td><td></td><td></td><td></td><td></td><td></td><td></td></tr>
<tr><td>5</td><td>010512006001</td><td>PCF 板</td><td></td><td></td><td></td><td></td><td></td><td></td></tr>
<tr><td>6</td><td>010512006002</td><td>预制空调板</td><td></td><td></td><td></td><td></td><td></td><td></td></tr>
<tr><td>7</td><td>010515002001</td><td>ϕ8 钢筋制安</td><td></td><td></td><td></td><td></td><td></td><td></td></tr>
<tr><td>8</td><td>BC001(补充)</td><td>ϕ12 钢筋套筒注浆</td><td></td><td></td><td></td><td></td><td></td><td></td></tr>
<tr><td></td><td></td><td></td><td></td><td></td><td></td><td></td><td></td><td></td></tr>
<tr><td colspan="7">本页小计</td><td></td><td></td></tr>
<tr><td colspan="7">合计</td><td></td><td></td></tr>
</table>

（2）填写项目特征和工程量

根据表 12-30 内容、施工图、工程量计算内容填写“分部分项工程和单价措施项目清单与计价表”的项目特征、计量单位、综合单价。具体见表 12-40。

12.4.2 分部分项工程费计算

$$分部分项工程费=\sum（分项清单工程量\times综合单价）$$

计算过程与结果见表 12-40。

分部分项工程和单价措施项目清单与计价表　　表 12-40

工程名称：××工程　　标段：　　第 1 页共 1 页

序号	项目编码	项目名称	项目特征描述	计量单位	工程量	金额(元)		
						综合单价	合价	其中 人工费
		E. 混凝土工程						
1	010512001001	PC 叠合板	1. 图代号：F-YB01、F-YB02 2. 单件体积：0.33、0.35m^3 3. 安装高度：5.60～53.2m 4. 混凝土强度等级：C30	m^3	18.63	2951.20	54980.86	5616.57
2	010512007001	PC 外墙板	1. 图代号：F-YWB-5a 2. 单件体积：1.47m^3 3. 安装高度 5.60～53.2m 4. 混凝土强度等级：C30 5. 砂浆强度等级：干混砌筑砂浆 DM M20	m^3	26.51	4450.65	117986.73	5070.57
3	010512007002	PC 内墙板	1. 图代号：YNB-1a 2. 单件体积：1.78m^3 3. 安装高度：5.60～53.2m 4. 混凝土强度等级：C30 5. 砂浆强度等级：干混砌筑砂浆 DM M20	m^3	32.12	3686.87	118422.26	6143.59
4	010513001001	PC 楼梯段	1. 楼梯类型：板式 2. 单件体积：1.79m^3 3. 混凝土强度等级：C30 4. 砂浆强度等级：干混砌筑砂浆 DM M10	m^3	21.43	3926.36	84141.89	5267.49
5	010512006001	PCF 板	1. 图代号：PCF-1 2. 单件体积：0.20m^3 3. 安装高度：5.60～53.2m 4. 混凝土强度等级：C30 5. 砂浆强度等级：干混砌筑砂浆 DM M20	m^3	7.09	3754.33	26618.20	2011.72
6	010512006002	现场预制空调板	1. 图代号：F-YKB01 2. 单件体积：0.21m^3 3. 安装高度：5.60～53.2m 4. 混凝土强度等级：C30	m^3	3.87	1859.42	7195.96	1760.04
7	010515002001	预制空调板钢筋	1. 钢筋种类：HRB400 2. 规格：Φ 8	kg	39.61	6.35	251.52	40.48
8	BC001(补充)	套筒注浆	1. 套筒种类：注浆套筒 2. 钢筋规格：ϕ12	个	378	15.66	5919.48	1096.20
本页小计							415516.91	27006.66
合计							415516.91	27006.66

说明：表中综合单价均不含“进项税”。

12.4.3 部品部件

住宅工程的 36 组成品淋浴间由生产厂商供应到现场并负责安装。淋浴间单价：7600 元/组。

12.5 计算措施项目费、其他项目费、规费、税金

12.5.1 费用定额

某地区费用定额见表 12-41。

某地区费用定额　　表 12-41

序号	费用名称	计算基础	费率(%)
1	安全文明施工费	分部分项工程费	3.0
2	二次搬运费	分部分项工程费	1.5
3	冬雨季施工费	分部分项工程费	1.0
4	社会保险费	人工费	35.0
5	住房公积金	人工费	2.0
6	增值税	税前造价(不含进项税)	9.0

12.5.2 计算各项费用与造价

根据表 12-39、表 12-40 及有关内容，计算住宅装配式混凝土建筑的各项费用与造价。见表 12-42。

住宅装配式混凝土建筑工程造价计算表　　表 12-42

<table>
<tr><th>序号</th><th colspan="3">费用项目</th><th>计算基础</th><th>费率</th><th>计算式</th><th>金额(元)</th></tr>
<tr><td>1</td><td colspan="3">分部分项工程费</td><td></td><td></td><td>见表 12.23(其中人工费 27006.66 元)</td><td>415516.91</td></tr>
<tr><td rowspan="5">2</td><td rowspan="5">措施项目费</td><td colspan="2">单价措施项目</td><td></td><td></td><td>无</td><td rowspan="5">22853.43</td></tr>
<tr><td rowspan="4">总价措施</td><td>安全文明施工费</td><td rowspan="4">分部分项工程费：415516.91</td><td>3%</td><td>415516.91×3%= 12465.51</td></tr>
<tr><td>夜间施工增加费</td><td></td><td>无</td></tr>
<tr><td>二次搬运费</td><td>1.5%</td><td>415516.91×1.5%= 6232.75</td></tr>
<tr><td>冬雨季施工增加费</td><td>1.0%</td><td>415516.91×1.0%=4155.17</td></tr>
<tr><td rowspan="4">3</td><td rowspan="4">其他项目费</td><td colspan="2">总承包服务费</td><td>分包工程造价</td><td></td><td>无</td><td rowspan="4">无</td></tr>
<tr><td colspan="2">暂列金额</td><td colspan="2"></td><td>无</td></tr>
<tr><td colspan="2">暂估价</td><td colspan="2"></td><td>无</td></tr>
<tr><td colspan="2">计日工</td><td colspan="2"></td><td>无</td></tr>
</table>

续表

<table>
<tr><th>序号</th><th colspan="2">费用项目</th><th>计算基础</th><th>费率</th><th>计算式</th><th>金额(元)</th></tr>
<tr><td rowspan="3">4</td><td rowspan="3">规费</td><td>社会保险费</td><td rowspan="2">人工费：27006.66</td><td>35%</td><td>27006.66×35%= 9452.33</td><td rowspan="3">9992.46</td></tr>
<tr><td>住房公积金</td><td>2%</td><td>27006.66×2%= 540.13</td></tr>
<tr><td>工程排污费</td><td></td><td></td><td>无</td></tr>
<tr><td>5</td><td>市场价</td><td>淋浴间部品</td><td colspan="3">36 组×7600 元/组= 273600.00</td><td>273600.00</td></tr>
<tr><td>6</td><td></td><td>税前造价</td><td colspan="3">序 1+序 2+序 3+序 4+序 5</td><td>721962.80</td></tr>
<tr><td>7</td><td>税金</td><td>增值税</td><td>税前造价</td><td></td><td>721962.80(不含进项税)×9%=64976.65</td><td>64976.65</td></tr>
<tr><td colspan="6">工程造价=序 1+序 2+序 3+序 4+序 5+序 7</td><td>786939.45</td></tr>
</table>

参 考 文 献

[1] 袁建新 袁媛. 工程造价概论（第四版）[M]. 北京：中国建筑工业出版社，2019.

[2] 袁建新 袁媛. 装配式建筑计量与计价 [M]. 上海：上海交通大学出版社，2018.

[3] 中国建筑标准设计院. 预制钢筋混凝土阳台板、空调板及女儿墙 15G368-1 [S]. 北京：中国计划出版社，2015.

[4] 中国建筑标准设计院. 预制混凝土剪力墙外墙板 15G365-1 [S]. 北京：中国计划出版社，2015.

[5] 中国建筑标准设计院. 预制混凝土剪力墙内墙板 15G365-2 [S]. 北京：中国计划出版社，2015.